사이버 물리 공간의 시대

카이스트
명강PLUS

02

KAIST
PRESS

KAIST - 메가존클라우드 지능형 클라우드 융합기술 연구센터　　최준균　박효주　고혜수　최형우

사이버 물리 공간의 시대

디지털과 실제 세계의
융합을 설계하는
미래 공학도의 필수 교양

사이언스북스
SCIENCE
BOOKS

머리말
미래 지식 문명의
신대륙을 찾아서

작은 상상을 한번 해 보자. 모세는 광야에서 신의 계시가 적힌 십계명을 받아 이스라엘 백성을 이끌었고, 모두를 사랑하라는 예수님의 말씀과 부처님의 일체유심조(一切唯心造)라는 가르침은 많은 사람의 삶에 크고 작은 영향력을 미치고 있다. 그렇다면 요즘 세상에 신은 무엇이며, 새로운 가치를 주도하는 선지자는 누구일까? 과학, 그리고 과학의 발전을 이끌어 온 천재들이 아닐까? 세계 어디엔가 살고 있을 천재들은 지금의 세상을 위해 무엇을 하고 있을지 궁금해진다. 70억 전 세계인이 네트워크로 서로 연결된 상황. 수십억 명이 스마트폰을 가지고 살아가고, 1분마다 500시간 이상의 새로운 영상 콘텐츠가 올라오며,[1] 매일 셀 수 없는 양의 글과 사진이 오고가는 세상을 바라보며 그들은 무슨 생각을 하고 있을까?

글이 발명된 이래 인류에게 축적된 수많은 지식은 책을 통해 남겨졌고, 20세기 이후로는 음성과 영상으로도 수많은 사람이 삶의 흔적을 남긴 바 있다. 다가올 지식 사회에는 사람들이 체험하고, 사고하고, 발견하고, 기록하는 모든 지식이 공유될 수 있다. 인간의 삶이 기록-수집-공유되는 과정에서 지식은 가공되어 간다. 와인과 김치, 치즈가 발효되듯 지식은 '스스로 자라나는 나무'가 되어 자가 증식하며 그 가치를 높여 갈 것이며, 그 가지는 실로 금에 비견될 만하다. 인문·과학적 지식뿐만 아니라 경험, 노하우, 예술 작품에 이르기까지 모든 형태의 삶의 흔적이 디지털 형식으로 표현될 때, '지식의 금' 시대가 열린다. 크리스토퍼 콜럼버스(Christopher Columbus)의 아메리카 대륙 발견이 19세기 골드러시로 이어졌듯, 지식의 금광을 캐는 데 사람들이 달려들 것은 자명한 일이다. 우리 곁에 늘 함께했지만 보관하거나 전달할 수단의 부재로 그저 놓여만 있던 원석들은 정보 통신 기술(information and communications technology, ICT)의 발전과 함께 가공이 가능해지며 그 몸값을 날로 높여 가고 있다.

앞으로도 지금과 같이, 혹은 더 빠른 속도로 기술 발전이 이루어지면 10년에서 20년 후에는 기존에 상상하지 못했던 완전히 새로운 세상이 전개될 수 있다. 우리가 사는 도시나 건물과 같은 물리적인 생태계는 크게 변하지 않을지도 모른다. 그러나 한 가지 확실한 것은 온라인상의 사이버 생태계는 지금의 상상력으로는 따라가지 못할 만큼 엄청난 변화를 앞두고 있다는 점이다. 다양한 소프트웨어와 인공 지능(artificial intelligence, AI) 알고리듬을 필두로 한 사이버 생태계의 변화는 물리 생태계를 운영하는 근본적인 철학을 뒤엎는 것이 가능해 보인다. 인간이 더는 생산성에 집중할 필요가 없어진 세상에서, 개인의 삶, 산업, 전반적 사회 구조에 이르기까지 변화의 물결은 이미 시작되었다.

2021년 개소 이래, KAIST-메가존클라우드 지능형 클라우드 융합 기술 연구센터는 사람이 창조해 낸 모든 것들과 어떻게 해야 같이, 재미있게 공존할 수 있을지를 고민해 왔다. 그 고민의 결과물인 이 책을 읽는 독자는 산업 사회가 지식 사회로 이행되는 과정에서 개인의 삶과 사회가 변화하는 징후를 피부로 느낄 수 있기를 바란다. 또한 이 책이 각자 자신의 위치에서 미래 지식 사회를 대비하고, 미래 지식 문명을 이끌기 위한 노력을 함께하는 데 기여한다면 더할 나위가 없겠다.

2023년 5월

최준균

(KAIST-메가존클라우드

지능형 클라우드 융합기술 연구센터 소장)

차례

1장
사이버 물리 공간의 등장

1. 사이버 물리 공간이란 무엇인가?

"640K ought to be enough for anybody."

이 문구는 1981년 어느 컴퓨터 전시회에서 빌 게이츠(Bill Gates)가 했다고 알려진 말이다. 당시 막 발매된 IBM PC의 메모리가 640킬로바이트(KB)로 제한된 것을 옹호하는 의미에서 "640킬로바이트면 누구에게나 충분하다."라고 말했던 것으로 전해진다. 오랫동안 사람들에게 가십거리로 소비되어 온 이 문장은 사실 따지고 보면 빌 게이츠가 이러한 말을 했다는 확실한 증거도 없으며, 본인도 극구 부인한 발언이다. 그럼에도 뜬소문일지도 모르는 이 놀랍고도 멍청한 이야기는 여전히 회자되며 앞으로도 소비될 것이다. 정보 기술(information technology, IT)과 관련해 무슨 일이 벌어질지 아무도 모른다는 사실을 너무나 잘 나타내고 있기 때문이다.[1] 조금 더 과거로 가 보자. 1969년 미국 아폴로 11호의 우주인이 달에 첫발을 내디딜 때 함께한 아폴로 가이던스 컴퓨터(Apollo guidance computer, AGC)는 처리 속도 2,048메가헤르츠(MHz), RAM 2,048워드(Word), ROM 36,864워드의 스펙을 가지고 있다. 우리에게 썩 익숙지 않은 워드를 요즘의 단위로 환산하면 RAM 4,096킬로바이트, ROM 73,728킬로바이트이다. 현재 우리가 사용하는 스마트폰의 메모리가 기가바이트(GB) 단위임을 생각했을 때, 이토록 급진적인 연산 능력(computing power)의 향상을 누가 상상이나 했을까. 그런 의미에서, 우리는 '미래'라는 반짝거리고 멋질 것만 같은 키워드와 함께 조금 허황될지도 모르는 이야기를 나누어 보고자 한다.

　사이버 물리 공간(cyber physical space, CPS),[2] 단어를 주워섬기는 것만으로 무엇인가 콧대가 으쓱해질 법한 이 용어는 간단히 정의하자면 '실제와 가상 세계의 연결'을 말한다. 연산 장치에서 구현되는 사이버 시스템, 그리고 실재하는 인물이 운영하는 기계 장치 같은 물리적 시스템이 서로 네트워크로 연결되는 복합 시스템(system of system) 속에서, 물리 세계의 정보를 컴퓨터가 습득-가공-계산-분석한 결과가 다시 물리 세계에 적용되는 되먹임 회로(feedback loop)가 돌아간다.

　이는 물리 세상을 사이버 세상에 반영하고, 사이버 세상의 기술을 활용해 실제 세상을 모니터링하고 제어하는 기존의 내장형 시스템(embedded system)이 확장된 개념으로 볼 수 있다. 일견 복잡해 보이

그림 1. 아이폰 5보다 1,300배 약한 성능을 지녔지만 인류를 달에 데려다 준
아폴로 가이던스 컴퓨터.

지만, 우리가 현재 사용하는 스마트폰이나 스마트 기기, 사물 인터넷 (internet of things, IoT)이 적용된 디바이스, 스크린 골프나 스크린 야구 등도 기초적인 CPS라고 할 수 있다. 독립해서 작동하고 다른 외부 시스템과 상호 작용하는 정도가 더해질 뿐이다.

우리는 일상에서 사용하는 전자 기기, 생활용품, 자동차 등에 특화된 연산 장치를 내장해 각 제품을 제어한다. 이는 사용자의 요구(needs)에 따라 동작하므로 일방적인 명령 전달 체계이지만, CPS는 실제 물리 세계와 사이버 시스템 간의 상호 작용을 강조한다. 유튜브를 보면서 영상이나 음악을 선택하면, 자기와 비슷한 취향을 가진 사람들이 많이 찾는 콘텐츠가 자동으로 재생된다. 자동차를 운행할 때 사용하는 내비게이션은 목적지까지의 교통 상황을 알아서 경로를 알려 준다. 목적지까지 지나가는 경로에서의 과거 교통 데이터를 바탕으로 얼마나 교통 체증이 발생할지를 예측해 도착 예정 시간을 알려 주기도 한다. 이처럼 물리적인 현상을 사이버 시스템이 관찰하고, 예측하고, 더 나아가 이를 조작하는 것까지 가능해지고 있다.

이렇듯 CPS는 소소한 편의성 제공에서 출발해 스마트 홈, 스마트 공장, 스마트 도시까지 앞으로 올 미래를 구현하는 데 꼭 필요한 기술이다. 물리 공간인 집을 사이버 공간에 그대로 투영해 거실이나 주방의 각종 가전 기기뿐만 아니라 방의 책상이나 침대 등과 같은 공간 구성을 사이버 공간 속에서 그대로 관찰하고 제어할 수 있다. 집에서 직접 방 상태를 눈으로 확인하고, 청소기를 돌리거나, 세탁기를 가동할 수 있다는 뜻이다. 스마트폰 애플리케이션(응용 프로그램, 앱)에 접속해 청소기의 동작 상태를 확인하고, 특히나 더러운 막내의 방으로 보낸다든가 하는 일이 가능해진다.

물론 사이버 공간에서는 만화 같은 단순한 이미지로 보여 주는 편이 실물 영상의 사용보다 더 나을 때가 있다. 감각적 이미지에 대한 시각적 선호가 높을 뿐만 아니라 상황의 파악과 이해가 더 쉽기 때문이다. 최근 서비스 중인 메타버스(metaverse)의 이미지가 단순화된 것도 이러한 이유이다. 같은 방식으로 병원이나 호텔, 터미널, 공항같이 복잡한 지역도 쉽게 상황 파악이 가능하다. 또한 스마트폰만 가지고도 로스앤젤레스 공항의 물류 상황을 알 수 있고, 자신이 보낸 물건이 지금 어디로 배달되는지를 배달 기사만큼 잘 알 수 있다. 실질적인 물리 공간은 아주 복잡하다고 하더라도 관심을 두어야 하는 부분만 이미지로 단순화하며 빠르게 인지하는 것이다. 반대로, 실제 공간과 완벽히 대응하는 형태의 사이버 물리 공간이 구축되면 루브르 박물관이나 나이아가라 폭포에 직접 가지 않고도 현장에 있는 것과 비슷한 감동을 전할 수 있다.

이처럼 사이버 물리 공간에서는 사이버 세계와 물리 세계 간 경계가 '사라진다.' 물리 세계에서 일어나는 일을 사이버 공간에서 제어할 수 있고, 사이버 세계에서 일어나는 일을 물리 공간에서 제어할 수 있다. 그 제어의 경계가 모호해서 어디까지가 현실인지, 혹은 가상인지 구별할 수 없는 공간에서 살아간다면, 인간의 일상은 어떻게 바뀌게 될까? 사이버 물리 공간은 인간과 사물이 교류하는 거점이다. 현재까지 인터넷이 사람 간의 상호 작용을 도와 서로 영향을 주고 교류하면서 이 세상을 변화시킨 것처럼, 우리가 물리 시스템과 상호 작용하며 서로 영향을 주고 교류한다면 세상은 또 한 번 변화할 것이다.

페이스북(Facebook)이 메타(Meta)로 사명을 변경하고 사업 영역 확장을 예고했듯, 산업계는 이러한 변화의 물결에 촉각을 곤두세우고 있다. 모호해지는 두 세계의 경계가 산업계에 미치는 영향은 무엇일까? 상호 제어가 가능해지며 현재 우리의 일상은 무엇이 바뀌었는가? 예를 들어 원격 진료, 의료 비서 등을 비롯한 의료계의 변화와 비대면 교육의 등장은 기존 산업의 형태를 어떻게 바꾸어 놓았는가? 더 나아가 사이버 물리 공간의 탄생으로 새롭게 탄생하는 산업에는 무엇이 있을까? 메타버스는 새로운 산업으로 정착할 수 있을까? 꼬리에 꼬리를 무는 질문을 낳는 산업계의 재편은 이제 시작일 뿐이다. 확실한 것은 한번 시작된 변화에 가속도가 붙기 시작하면 그 미래는 생각보다 멀리 있지 않으며, 그 모습 또한 엄청난 파급력을 가지리라는 사실이다.

우리는 모두 사이버 물리 공간이 만드는 변화의 물결에 휩쓸리고 있는 여행자이다. 걷잡을 수 없이 빠르게 다가오는, 거스를 수 없는 미래 앞에서 무엇을 해야 하는지에 대한 답을 이 책에서 찾아가고자 한다. 먼저 사이버 물리 공간의 여행을 위해 가장 가까운 미래를 이끄는 나침반이 되어 줄 '즐거움'을 이해하고, 이를 바탕으로 사이버 물리 공간을 이끄는 새로운 산업의 경관을 둘러본다. 여행의 끝에서 우리는 다음 세계로 우리를 싣고 갈 기술적 요구 사항의 현재와 미래를 들여다보고, 향후 우리가 나아가야 할 방향성에 관해 이야기할 것이다.

2. 사이버 물리 공간의 등장 배경

영화 「아바타(Avatar)」에서 나비 족과 이크란이 꼬리를 맞대어 서로의 마음을 읽듯, 인간이 연산 장치와 소통하기 위해서는 새로운 '꼬리'를 필요로 했다. 몇몇 전문가는 컴퓨터의 언어를 배움으로써 그들과 소통했지만, 많은 이들의 원활한 소통을 위해서는 더 익히기 쉽고 직관적인 소통 수단이 필요했다. 그래서 인간은 숫자보다는 문자로, 문자보다는 그림으로, 그림보다는 영상으로, 영상보다는 실제 움직임과 감각을 사용하는 식으로 소통 방식 개선에 지속적인 노력을 기울여 왔다. 서로의 대화가 어느 정도 원활하게 이루어지기까지, 우리의 꼬리는 진화한 것이다.

도구(하드웨어)의 진화

일상에서의 컴퓨팅 이용 언젠가부터 우리 책상에서 종이가 사라져 가기 시작했다. 우리가 일하는 회사의 사무실을 비롯해 병원, 은행 등 주요 기관에 방문하면 우리는 개인용 컴퓨터(personal computer, PC) 모니터 너머의 사람과 마주한다. 문서를 작성하고, 업무 협의를 하고, 결재를 받거나 승인을 하기 위해서 PC를 활용하는 것이 아주 자연스럽다. 특별한 경우를 제외하고는 종이에 출력하는 것은 나무에게 미안한 일이 되었고, 스마트폰이나 스마트 패드가 그 자리를 차지했다. 그뿐만 아니라 스마트폰은 PC만큼이나 좋은 성능과 저장 공간을 자랑하며 굳이 책상에 앉아서 업무 처리를 해야 하는 이유마저 지워 가고 있다.

일상을 둘러싼 디스플레이 주식 거래소나 기업의 운영 관리 센터와 같은 공간에서는 선명한 화질을 갖는 대형 스크린 여러 대를 동시에 설치해서 사용한다. 최근에는 개인 공간에도 영화 감상을 위해 고화질 빔프로젝터나 여러 개의 스크린을 설치하기도 한다. 우리는 작은 화면 하나로 소통하는 것에 한계를 느끼기 시작했다. 업무를 볼 때도 책상 위에 여러 모니터를 두어 한 화면은 주변 상황을 모니터링하고, 다른 화면으로는 문서 작업을 하고, 또 다른 화면으로는 영상 자료나 각종 문서를 검색하는 것처럼 동시에 여러 작업을 수행하는 사람이 점점 많아지고 있다. 또한 회의하거나 실시간(real-time) 원격 강의를 들을 때 노트북이나 PC로는 화면을 보면서 스마트 패드로 회의 내용을 기록하고 관련 자료를 검색하는 모습이 일상화되었다. 차량의 풀 디스플레이 기반 계기판도, 옥외 공간의 마이크로디스플레이 기반 고품질 대화면도 이제 낮

설지 않다.

일상을 둘러싼 새로운 교감 성능이 급격하게 높아졌다고 하더라도, 컴퓨터와 스마트폰, 모니터는 이미 십수 년 전부터 우리 주위에 있던 도구들이다. 새로운 세상이 온다더니, 컴퓨터 정도가 뭐 대수라고? 미래 복합 시스템의 진화를 생각하기 위해서는 여러 대의 모니터, 키보드, 마우스에만 의존하던 과거를 벗어나서 컴퓨터와 연결될 가능성이 있는 다양한 하드웨어를 살펴볼 필요가 있다. 손에 들고 사용하는 조이스틱이나 안경 형태로 출시된 구글 글라스, 머리에 착용하는 가상 현실(virtual reality, VR) 헤드셋 등의 새로운(new-type) 도구가 그것이다.

도구는 한 차례 더 진화한다. 인간의 몸에 닿아 있지 않더라도 집을 비롯한 생활 공간이나 업무 공간에 여러 센서를 둠으로써 해당 공간을 사용하는 인간의 행동이나 목소리를 모니터링하거나 감지(sensing)하는 일이 가능해진 것이다. 가장 우리 곁에서 제품 형태로 이용되는 것은 AI 스피커로, 어시스턴트(구글), 알렉사(아마존), 시리(애플), 코타나(마이크로소프트), 누구(SKT), 기가지니(KT), 클로바(네이버), 빅스비(삼성) 등 여러 브랜드 제품이 현재 대규모로 보급되고 있다. 이러한 인공 지능 스피커의 최종 형태는 가정이나 사무실에서 업무를 직접 도와주는 인공 지능 비서일 것이다. 아이언맨에게 자비스가 함께하듯, 우리가 사장이 되지 못하더라도 비서 하나씩은 두고 사는 상상 정도는 해 볼 수 있으니까.

「아이언맨」 영화의 자비스는 인공 지능 컴퓨터지만, 원작 만화의 자비스 캐릭터는 기계가 아닌 사람이다. 인공 지능 시스템이 사람 이상의 역할을 해내는 비서가 되기 위해서는 많은 기술적 솔루션의 탑재가 필

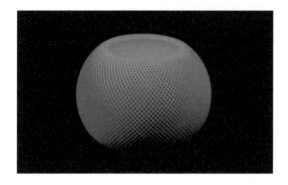

그림 2. 진화해 가는 하드웨어. 위에서부터 메타 퀘스트, 조이스틱, AI 스피커.

요할 것이다. 우리는 그 과정에서 센서를 비롯해 다양한 형태의 도구가 신제품으로 등장할 것을 예상할 수 있다. 초기에는 주로 가격 대비 시장 파급 효과가 큰 게임이나 재난, 긴급 구호 등과 같은 특수 목적으로 개발되겠지만, 일반인에게 친숙해지는 것 또한 시간 문제다.

현재 기술로도 카메라나 마이크를 비롯해 동작 인식 센서와 같은 여러 센서를 설치하면 이상 상황을 감지할 수 있고, 키보드나 마우스의 버튼이나 스마트폰 스크린을 터치하지 않아도 사람의 표정, 목소리, 제스처 등을 파악할 수 있다. 개인 정보 보호 등 넘어야 할 산은 많지만, 개인이 사용하는 가전 기기에서 확장해 집 밖에서도 인간을 보조하는 도구는 계속 등장할 것이다. 사람들은 광장, 공원, 지하철, 터미널이나 병원, 공장 등에서 설치된 모니터나 경보음 패턴만으로 안내를 받거나 긴급 상황에 대응할 수 있다. 때로는 사람들이 위험한 물체를 인식하지 못하고 이상 상황을 미처 파악하지 못하더라도 주변에 설치된 카메라나 각종 센서의 도움으로 더 안전해진 도시를 기대해 볼 수도 있을 것이다.

기술(소프트웨어)의 진화

사용자 인터페이스와 복합 인지 어릴수록 컴퓨터를 더 잘한다는 이야기도 이제는 옛말이다. 타자 속도가 자랑거리가 되고, 워드프로세서 자격증 붐이 일고, '홈페이지 만들기' 같은 소프트웨어 교육을 학교에서 받던 세대는 벌써 30대에 접어들고 있다. 소위 요즘 아이들은 데스크톱 컴퓨터를 다루는 데 익숙지 않다. 게임과 채팅 등 컴퓨터로 하는 놀잇거리 대부분을 스마트폰으로 대신할 수 있기 때문이다. 이제 코딩 시간이 된

그림 3. 컴퓨터보다 직관적이고 편리한 스마트폰의 UI와 지문 인식.

컴퓨터 수업은 그들에게 수학처럼 논리력·사고력을 키우기 위한 지루한 공부에 지나지 않는다. 스마트폰의 사용자 인터페이스(user interface, UI)가 컴퓨터보다 훨씬 직관적이고 편리한 것을! 심지어 말도 떼기 전부터 유튜브를 접하는 아기들은 텔레비전이나 스크린의 화면을 자연스럽게 누르는 대상으로 인식한다고 한다.

　스마트폰이나 스마트 패드가 컴퓨터의 아성을 위협하기 시작하며 화면을 감지하는 기술도 빠른 속도로 발전하고 있다. 물리적으로 화면을 눌러 인식하던 기술(감압식)은 이제 손가락의 정전기를 이용해 압박하지 않고도 스크린을 터치할 수 있도록 진화했다.(정전식) 스타일러스 펜을 사용해 사인하거나 메모하고, 심지어는 꽤 그럴듯한 그림을 그리는 일도 가능하다. 생체 인식(biometrics) 또한 발전해, 손가락 지문이나 홍채, 얼굴 형태를 인식해서 본인 확인을 하고 결제 서비스까지 활용하다 보면 어느새 우리는 떠오르지 않는 비밀 번호에 머리를 싸매던 과거로 돌아갈 수 없는 몸이 되었다.

아직 초기 제품이기는 하지만, 최근에는 키보드를 치는 흉내를 내는 정도의 작은 손가락 움직임만으로 화면을 터치하지 않고도 글을 입력하거나 피아노를 연주하는 일이 가능하다. 또한 스마트 패드 위에 손가락이나 펜과 같은 간단한 도구를 가지고 몇몇 제스처를 취하는 것만으로도 명령을 전달할 수 있게 되었다. 현재 동작 인식이나 움직임 추적은 스크린이 갖추어진 공간에서 골프, 탁구 등의 게임을 할 때 같은 전문 분야에서 많이 사용되지만, 인식 기술의 진화는 일상에서도 이를 가능케 한다. 가전 제품이나 조명 장치를 켜고 끄는 것과 같은 간단한 명령뿐만 아니라 사람이 갑자기 쓰러지는 긴급 상황이 발생했을 때도 사용할 수 있다. 마치 훈련받은 셰퍼드가 주인의 명령이나 제스처만으로 사냥감을 공격하거나 방어 행동을 하는 것처럼 사용자의 제스처를 학습하는 다양한 도구가 등장하고 있다. 스마트 워치를 착용한 팔을 위아래로 두 번 움직여 전화를 받거나 손목을 두 번 돌려 전화를 거절하는 일이 가능하다. 머지않아 지휘자가 지휘봉 하나만으로도 관현악단의 모든 악기를 연주하는 일이 가능할 때가 올지도 모른다.

인지 성능의 개선은 미세한 움직임을 사이버 공간으로, 다시 물리 공간으로 손실 없이 옮기는 일을 가능케 한다. 김연아가 얼음 위를 활주하는 모습이나 국립 발레단의 우아한 몸짓을 이제 사이버 공간에서 그대로 재현할 수 있다. 또는 많은 팬이 열망하는 스타의 노래하는 목소리와 모습을 사이버 공간에서 동시에 펼쳐 즐거움을 줄 수 있다. 이 외에도, 사람이 하기에 힘들거나 위험한 환경에서 작업이 필요한 경우 로봇이나 제어 시스템을 사용해 인간의 손놀림을 대신하기도 한다.

동작 인식 기술의 진화는 사용자의 편의성 증진에 직접적으로 이바지했지만, 지금까지 상용화가 힘들었던 이유는 정확도의 문제였다. 사람마다 행동하는 모습이 다르고 이를 표준화할 수도 없기 때문이다. 그러나 동작 인식 기술 위에 카메라를 통한 영상 인식 기술, 마이크를 사용한 음성/음향 인식 기술이 더해진다면 성능의 비약적인 향상을 기대해 볼 수 있다. 피아노를 치는 상황, 자동차를 운전하는 상황 등의 주변 환경 파악을 바탕으로 동작 인식의 목적 및 정확도가 개선된다. 이에 더해 인공 지능 기술로 사람의 동작 패턴이나 주요 시스템의 작동 방식을 시스템이 학습할 수 있으면, 매번 어떤 동작이며 시스템이 어떠한 상태에 있어야 하는지를 하나하나 가르쳐 주지 않아도 스스로 학습해서 더 나은 판단을 내릴 수 있을 것이다. 중요 건물 주변에서 이상 행동을 하는 사람을 모니터링하거나, 교차로에서 취한 운전자를 발견하거나, 병원에서 갑자기 이상 증세를 보이는 환자를 찾는다거나 하는 일이 가능해진다.

실감형 영상 처리 100여 년 전, 카메라와 텔레비전이 등장하면서 인간은 최초로 2차원 사진이나 영상을 본격적으로 즐길 수 있게 되었다. 지난 수십 년 동안 3차원 영상은 게임이나 IMAX 영화관에서 제공되는 안경을 쓰고 관람을 하는 정도에 지나지 않았다. 그러나 인간의 욕심은 끝이 없고, 현실 세계와 같은 3차원 영상에 대한 갈증은 본능과도 같았다. 2차원 세상에서 살아가던 사람들은 이제 메타버스 열풍과 함께 3차원 영상 저리 기술에 관심을 기울이기 시작했다. 3차원 텔레비전은 한동안 인기였고, 음향을 3차원으로 안방에서 즐기려는 시도도 있었으나 큰 반향을 얻지는 못했다. 최근에는 머리 부분 탑재형 디스플레이(head mounted display, HMD) 장비를 가지고 3차원 영상뿐만 아니라 증강 현실(augmented reality, AR)이나 가상 현실 공간을 보여 주기 위한 많은 시도가 있다.

우리는 3차원 스크린과 몇 가지 도구로 사이버 모나코에서 F1 경주를 즐기거나, 사이버 오페라하우스에서 공연을 즐기는 경험을 기대한다. 세계 선수들이 사이버 공간에서 경쟁하는, 완벽한 '스포츠' 형태의 e스포츠가 올림픽을 대신하는 새로운 산업으로 등장할 수 있다. 기존 산업에서도 전투기 조종사가 3차원 공간에서 훈련한 후 실전에 투입되어 위험을 낮추고, 산업 현장이나 방사능 위험 지역에 로봇을 투입하고 사람은 3차원 공간에서 안전하게 작업하는 일이 가능할 것이다.

다만 게임이나 만화같이 처리 능력이 크게 필요하지 않은 경우를 제외하고는 실질적인 3차원 영상은 아직도 정보량이 너무 많고, 인간이 가진 처리 능력도 일천한 수준이다. 개인이 강원도 속초에 출몰한 포켓몬을 잡으러 여행을 떠나는 일은 가능해도, 「드래곤볼(ドラゴンボール)」에 등장하는 전투력 측정기 스카우터나 영화 「킹스맨(Kingsman)」의 스마

트 안경처럼 다중 정보 처리가 가능한 기기를 착용하거나 들고 다니기는 어렵다는 이야기이다.

최근에는 대기업을 중심으로 많은 연구 개발 예산이 투입되고는 있지만, 이런 만화나 영화 속 개념이 현실이 되려면 3차원 영상 처리 기술뿐만 아니라 매우 빠른 휴대용 컴퓨팅 플랫폼이 받쳐 주어야 한다. 게다가 구글 글라스에서 시도했던 영상 화면에 대한 분석이나 빠른 판단을 위해서는 실시간 처리가 가능한 AI 기술도 필요하다. 즉 이러한 3차원 영상을 사람들이 실질적으로 이용 가능한 시점은 가장 흔한 휴대용 기기인 스마트폰의 처리 용량이 현재보다 최소한 10배 이상 높아지고, 메모리 용량도 최소한 10배 이상 갖추어진 때가 될 것이다.

10배라니? 발전 속도를 감안할 때 그리 먼 미래가 아닐지도 모르지만, 현실에 조금 더 눈을 돌린다면 휴대용이 아니라 고정된 설치 환경에서는 이미 실감형 영상을 즐길 수 있다. 아직 가격이 비싸기는 해도, 기술 구현의 문제는 아니니까. 충분한 공간이 있다면 게임이나 미디어 같은 일상이나 업무 환경뿐만 아니라 실감형 영상 처리가 필요한 의료, 교통, 공장, 및 국방 같은 분야에도 활용할 수 있다.

웹 기술과 연결 60여 년 전 인터넷 기술이 처음 개발된 이후, 인터넷이 가장 활성화된 원인은 1990년대에 개발된 월드 와이드 웹(world wide web, WWW) 때문이다. 많은 경우 인터넷과 동의어로 인식되는 월드 와이드 웹은 온라인으로 정보를 가장 쉽게 공유할 방안을 찾는 과정에서 시작된 서비스의 개념으로, 인터넷과는 구분되는 용어이다. 편지와 전화 이후 가장 획기적인 통신 수단으로 평가받는 인터넷은 원래 전시 상황에서의 통신을 목적으로 개발되었기 때문에 그 사용 또한 목적에서 크게 벗어나지 않고 파일을 전달하거나 전자 우편을 주고받는 등의 일대일 상호 작용 형태로 이루어졌다. 월드 와이드 웹은 그 이름에서부터 드러나듯 거미줄 형태의 연결 고리를 말한다. 인터넷에 연결된 디바이스를 통해 많은 사람이 동시에 정보를 공유하는 공간이 형성된 것이다. 누구나 웹 서버에 자료를 올려 두고 해당 웹 페이지 주소만 공개하면, 누구나 아무런 도구 없이도 내용을 열람하거나 자료를 다운로드할 수 있다.

웹 기술은 웹 서버와 브라우저로 구성된다. PC나 스마트폰에서 구동되는 브라우저는 웹에서 모든 정보를 볼 수 있도록 해 주는 응용 프로그램으로 크롬, 익스플로러나 사파리처럼 웹 페이지를 열어 주는 도구를 말한다. 현재 전 세계의 기업, 공공 기관, 단체, 개인이 운영하는 웹 페이지는 대략 170억 개 이상이다. 이를 통해 공유되는 것은 디지털로 된 모든 형태의 자료로, 오디오, 비디오, 영화, 만화 등과 같은 저작물뿐만 아니라 각종 복잡한 문서 파일이나 소프트웨어까지 매우 다양하다. 심지어 전문 분야에 대한 의견이나 노하우까지도 물리적으로 전문가를 대면할 필요 없이 대중의 접근이 용이하게 블로그나 소셜 미디어를 통해 공유되고 있다. 자료를 직접 공개하기 곤란한 경우에도 접근 권한을 설정할 수 있기에 특정 절차를 따르기만 하면 자료에 접근할 수 있다. 이렇듯 웹 기술은 전통적인 자료 유통 방식의 근본적 변화를 이끌었으며, 온라인상의 모든 전자 상거래나 소셜 네트워크 서비스(social network service, SNS)를 통해 메시지나 이미지 등의 자료를 공유하는 환경은 웹 플랫폼을 기본으로 사용하게 되었다.

웹 기술 진화의 역사를 살펴보자. 앞서 언급했던 인터넷처럼 웹 기술 또한 처음에는 사람 간의 연결을 위한 기술로 시작했다. 즉 전화를 대신해서 사람 사이의 연결 고리 역할을 차지했다. 웹 페이지를 통해 문자로 채팅하고, 이미지, 영상 파일이나 문서 자료를 공유하는 것이다. 이 단계의 웹 기술은 전화나 PC를 사용해 사람들끼리 소통하는 기술과 큰 차이는 없다. 다만 개인의 통신 코드를 기반으로 한 통신 방식이 아니라 (http://www.x.y.z 형태의) 웹 주소를 제공하기만 하면 어떤 사람과도 통신할 수 있다는 장점이 있다. 기존의 전화 번호나 전자 우편 주소와 큰 차이가 없기에 익숙하면서도, 전통적인 번호나 코드 체계와는 별개로 웹 주소 형태로 표현만 하면 통신의 폭이 확장되는 것이다. 나라마다 달랐던 전화 번호 체계와 관계없고, 전산 시스템에 의지하는 전자 우편 주소 같은 번호 규약, 기관 명칭, 시스템 코드 등에서도 자유롭다. 자신이 속한 서버의 웹 주소를 공개만 하면 누구나 전 세계 누구와도 통신할 수 있으며, 상대방과 대화를 하기 위해서 장비나 탑재 소프트웨어를 확인하는 등의 복잡한 절차나 사용 설명서가 필요 없다는 의미이다.

그다음으로 사람과 사물을 연결하는 웹 기술이 등장했다. 일명 사물 인터넷, IoT라 불리는 이 기술은 각종 시스템이나 사물 기기, 센서 들이 웹을 통해 상태를 공유하고 제어하는 것을 말한다. 사물 인터넷이 활성화된다는 것은 인간이 만든 모든 물리적인 생태계(도시, 건물, 교량, 자동차, 비행기 등)가 웹 플랫폼을 통해 접근 가능해졌다는 의미이다. 웹으로 접근만 가능하다면 어떠한 장소에서도 해당 물리 시스템의 운영 상태를 알 수가 있고, 필요한 경우 적절하게 동작을 제어할 수 있다. 혹은 긴급 상황의 경우 운영 관리를 하는 사람이나 시스템에 자동으로 경고를 보낼 수 있다. 물리 시스템에 이상 상태가 발생했을 때 긴급하게 대응하는 요령 등을 미리 프로그램해 둘 수도 있다. 마치 아이에게 길을 잃어버렸을 때 경찰서에 들어가서 도움을 요청하라 말하듯이, 스스로 판단할 수 없는 상황이 발생하면 운영 관리자에게 이야기하라고 교육하는 것과 비슷하다. 그동안 사람의 업무나 삶에 도움을 주던 각종 소프트웨어는 사물 인터넷 환경 속에서 물리 시스템과 각종 기기가 마치 사람처럼 정보를 교환하고 상태를 확인하며 필요한 제어를 하는 일을 가능케 했다.

세 번째는 소프트웨어를 연결하는 웹 기술이다. 현재 우리는 웹 기술 발전의 한가운데 놓여 있다. 요즘 출고되어 나오는 PC나 스마트폰에는 수백 개 이상의 소프트웨어가 설치된다. 사용자가 온라인 쇼핑이나 은행 등 특정 기능에 접근하기 위해서는 이 외에도 추가로 많은 소프트웨어가 설치되어야 한다. 이제는 (냉장고, 세탁기 같은 가전 기기부터 공장에 설치된 수많은 시스템까지) 어떠한 하드웨어 부품이든 모두 소프트웨어가 필요하다. 많은 시스템에서 사용자는 간단한 최소한의 사용법만 익히면 되지만, 운영자나 개발자는 훨씬 더 많은 소프트웨어를 추가로 다루어야 한다. CPU가 등장한 후 지금까지 개발된 소프트웨어 개수는 셀 수 없이 많으며, 현재 스마트폰이나 PC로 탑재가 가능한 소프트웨어 종류도 수억 개가 넘는다. 향후 자율 주행 자동차가 일상화되고, 자동 작동이 가능한 세탁기를 비롯해 다양한 로봇 시스템이 나오면 설치되어야 할 소프트웨어도 기하급수적으로 늘어나게 된다. 그러나 실제로 여러 응용 소프트웨어를 동시에 활용하고자 하면 최신 스마트폰의 넉넉

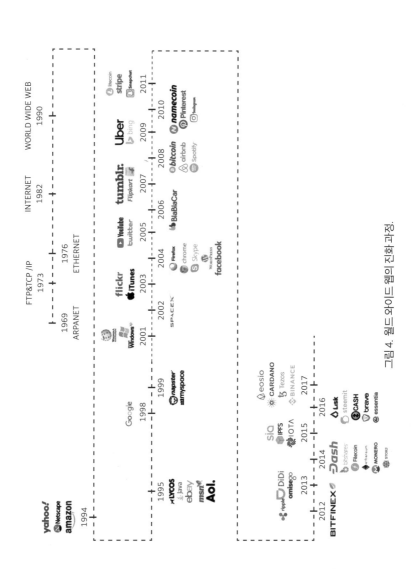

그림 4. 월드 와이드 웹의 진화 과정.

한 메모리 용량으로도 그다지 쉽지 않은 것을 느낄 수 있다. 게다가 이제는 한 번만 설치하면 끝인 소프트웨어는 별로 없고, 이미 설치된 소프트웨어도 수시로 업데이트 알람을 울려 대기 때문에 소프트웨어의 유지 및 관리도 보통 일이 아니다. 교통, 의료, 교육, 에너지, 환경 등 모든 산업이 상호 연계되는 미래 스마트 도시에서는 필요한 소프트웨어의 종류만도 수십만 개가 넘어가고, 관련 개발자, 운영자, 사용자 또한 수백만 명이 넘어갈 것이다. 그 가운데 각기 다른 소프트웨어를 설치하고, 운영 관리를 하면서 사용자의 독특한 습관이나 취향까지 맞추다 보면 사람이든 기기든 누구 하나는 과로로 쓰러지지 않을까. 게다가 소프트웨어마다 설치나 사용 설명서가 필요한 경우에는 더욱 문제가 심각해질 것은 뻔한 일이다. 결국은 하드웨어, 플랫폼 및 응용 서비스 환경에 맞추어 필요한 소프트웨어를 가장 쉽게 잘 운영할 방안이 필요하다. 미래 소프트웨어 생태계 환경을 어떻게 조성할 것인지에 대한 사회적 합의를 바탕으로, 클라우드 플랫폼 기술과 소프트웨어 설계 방법론이 뒷받침해 준다면 웹 기술은 소프트웨어 공유 환경을 제공하기 위해 노력할 것이다.

　네 번째는 인공 지능 간의 웹 기술로, 다양한 인공 지능이 서로 필요에 따라 대화를 하는 상황을 말한다. 현재 AI 기술은 영상/음성 인식 및 언어 번역 수준에 머물러 있지만, 머지않은 시기에 소프트웨어 탑재가 가능한 시스템 대부분에 AI 기술이 탑재될 것임은 분명하다. AI 기술은 해당 시스템 주변에서 수집되는 데이터를 기반으로 상황 인지나 의사 결정을 지능적으로 돕는다. 물리 시스템에 탑재되는 인공 지능 알고리듬은 수집하는 데이터 유형과 분석 기능의 필요에 따라 다양하게 형성

될 수 있으나, 중앙 서버의 고인공 지능 알고리듬과의 상호 작용을 통해 해당 생태계에 필요한 최적 솔루션을 찾으려 한다는 점에서는 동일한 역할을 한다. 각각의 위치에서 도시의 교통 흐름이나 에너지 소비에 대한 자료가 중앙 서버에 실시간으로 수집되면, 이를 바탕으로 패턴을 예측해 각각의 위치에서 최적 운행이 가능하도록 신호등을 제어하고, 건물 내 에너지 소비 수준에 따라서 가장 효율적으로 전력이 배분되도록 제어할 수 있다. 단체나 기관에 소속된 사람이 각자 역할에 따라서 업무를 수행하는 것처럼 인공 지능 알고리듬도 역할에 따라서 서로 협의하며 임무를 수행하게 될 것이다. 인공 지능 알고리듬 간의 대화 방법과 작업 방식에 대한 부분은 아직 많은 연구가 되지 않았으나, 웹은 인공 지능과 관련해서도 지식 공유의 환경을 제공하는 수단으로써 동일한 철학적 가치를 추구할 것이다. 즉 다음 세대의 웹 기술은 인공 지능 알고리듬 간 협의의 플랫폼을 제공한다.

마지막은 인공 지능을 탑재한 아바타(avatar) 간을 연결하는 웹 기술이다. 미래 사이버 물리 생태계에는 수많은 사람과 물리 시스템이 서로 연결되는 사회가 형성되며, 동시에 수많은 소프트웨어와 인공 지능 알고리듬 들이 이를 받치게 될 것이다. 앞서 다루었듯 이는 효과적이고 효율적인 의사 결정을 의미하지만, 사회가 굴러가는 과정에서 발생하는 많은 의사 결정의 대안에는 많은 경우 확실한 정답이 없기 마련이다. 적절한 절차나 규정에 따라 의사 결정이 이루어진다고 하더라도 인력과 예산이 투입되는 경우에 권한과 책임의 문제가 뒤따르게 된다. 이는 인공 지능 알고리듬이 아무리 최적의 방안을 제시한다고 해도 인간이 최

종 결정을 내려야 한다는 의미이다. 즉 서로 상충하는 의사 결정 상황
이 전개될 경우 효과나 효율성과 관계없이 주요 정책 지표나 상황적 우
선 순위에 따라서 책임을 지고 결정할 누군가가 필요하다. 기술이 아무
리 진화한다고 하더라도 인공 지능에 결정을 모두 맡길 수 없는 이유이
나. 이에 마지막 웹 기술의 진화는 인간을 대신할 아바타로 귀결된다. 인
공 지능이 탑재된 물리 시스템이나 소프트웨어 패키지 들이 마치 사람
처럼 의사 결정의 주체가 되는 것이다. 이를 우리는 에이전트(agent) 또
는 아바타라고 부른다. 이는 2009년 제임스 카메론(James Cameron) 감
독의 영화에서 원격 조종이 가능한 새로운 생명체를 '아바타'라고 명명
한 것에 기인한다. 회사에서 상사의 지시를 받는 부하 직원처럼, 아바타
도 인간의 지시를 받으면서 각각의 능력 범위 안에서 인간과 협력하는
사회의 일원으로 흡수될 것이다. 미래 물리 시스템과 소프트웨어가 사
람처럼 인간과 대화할 때, 이러한 소통 공간을 제공하는 것이 웹 기술이
나아가야 할 방향이다.

기술과 도구, 그 경계의 무의미함

앞서 서술한 사이버 물리 공간의 형성 배경에서는 기술과 도구의 진
화를 구분해 소개했지만, 몇몇 공학자에게 이러한 분류는 받아들이기에
불편할지도 모를 일이다. 단지 유형이냐 무형이냐를 기준으로 해 소프트
웨어적인 부분을 기술, 하드웨어적인 부분을 도구라고 명명하면 모를까,

그 속성과 기능적 역할의 개념에서 이를 구분하는 것은 사실 무의미한 일이기 때문이다.

기술과 도구의 진화라는 개념에서 우리는 각각의 역할이 어떻게 변화해 왔는지를 조명했다. 더 옛날, 인간이 도구를 사용하기 시작한 시점으로 돌아가 보자. 석기 시대에는 돌칼을 사용했고, 철기 시대에는 철을 사용해 각종 무기나 농사 도구를 만들었다. 산업화 시대로 와서는 석탄이나 석유와 같은 에너지를 더해 기차나 자동차를 만들고, 전기 에너지를 발명한 후에는 전기로 움직이는 다양한 기계 장치로 공장을 운영하고 있다. 무기, 농기구, 자동차, 산업용 기계 등 인간을 돕는 도구는 뚜렷한 목적을 가지고 개발되고 진화해 왔다. 모양, 크기, 무게 등으로 나타나는 외형적 특징은 각각의 도구의 활용 목적에 맞게 변형되었으며, 이는 사용자의 선택 기준이 되었다.

그러나 지금의 전자 기기 사용자는 제품의 구매에 있어서 몇 가지 기준을 더 추가한다. 소비자는 외형적인 부분뿐 아니라 저장 용량, 에너지 소비량, 탑재 소프트웨어의 버전, 사용자 인터페이스의 용이성까지 적용되는 기술력을 다각도로 평가해 제품을 선택한다. 흔히 '스펙(spec)'이라 부르는 이것은 하드웨어와 소프트웨어의 특징을 종합해 이르는 말로, 제품의 활용에서 두 가지 요소를 구분해 다룰 수 없음을 의미한다.

대표적으로 자동차는 운송을 목적으로 하는 기기로서 속도와 안전성, 디자인 요소 등이 주요 특징이다. 그러나 최근 전기차 시대가 도래하며 자동차는 이제 하드웨어 중심에 머무를 수 없게 되었다. 전기차의 핵심은 그 외형보다도 자율 주행을 가능케 하는 소프트웨어에 있으며, 이러한 소프트웨어가 잘 작동할 수 있도록 디자인 또한 변화하고 있다. 더 나아가 인공 지능의 등장과 함께 간난한 노구라고 하너라도 사림들이 습관적으로 사용하는 환경에 맞추어 동작하도록 진화하고 있다. 기존에는 버튼이나 리모컨 등을 활용해 기기의 On/Off를 제어했지만, 자동화된 방식으로 운영하게 되면 주변 상황을 이용해 장비 스스로 On/Off를 할 수 있다. 소프트웨어가 충분히 진화한다면 On/Off 버튼 대신 그 자리에 센서가 자리하게 될 것이다.

이렇듯 원래 도구가 가지는 목적에서 소프트웨어의 특징이 더해지면 도구의 형상이 바뀌거나 기존의 의도와 변경되어 사용될 수 있다. 기술과 도구, 하드웨어와 소프트웨어는 현대 제품에서 떼려야 뗄 수 없는 관계가 되었다. 제품 내에서 그 역할의 구성비는 계속해서 변화하고 있으며, 그러므로 우리는 이를 구분하려 애쓸 필요가 없다.

플랫폼의 진화

지금도 동네마다 오일장이 열리는 곳이 있다. 지금에야 마트가 그 역할을 많이 대신하고 있지만, 과거의 시장은 단지 물건을 판매하기 위한 공간을 넘어 마을 구성원의 '만남의 광장' 역할을 했다. 코로나19가 휩쓸고 간 지금 세상에서 만남의 광장이라는 단어는 과거의 향수를 불러 일으키는 단어가 되었지만, 사람들의 만남이 모두 멈춘 것은 아니다. 시장이든 학교이든 카페이든 모임이 일어나는 공간이 옮겨 갔을 뿐이다. 인터넷으로 물건을 사고팔고, 인터넷 공간에 모여 공부하고, 인터넷 공간 안에서 수다를 떨거나 열띤 토론을 벌이기도 한다. 잠시 하던 일을 멈추고 우리가 무엇을 활용해서 일하거나 쉬고 있는지 둘러보자. 너무나 자연스럽게도, 우리는 누군가가 만들어 놓은 플랫폼 위에서 움직이고 있다.

"플랫폼을 지배하는 자, 시장을 지배한다."라는 말이 있을 정도로 4차 산업 혁명 시대에 플랫폼은 대세로 떠올랐다. 기존에 사용되었던 플랫폼의 사전적 의미는 기차나 차를 타고 내리는 '승강장'이다. 기차와 같은 이동 수단을 타기 위해서 가야 하는 곳, 사람들이 모이는 공간을 의미한다. 칼리스 볼드윈(Carliss Baldwin)은 플랫폼을 '다른 구성 요소 간의 연결을 제한해 시스템에서 다양성과 진화 가능성을 지원하는 구성 요소 집합.'이라고 정의한다.[3] 플랫폼은 공통으로 활용되는 대상이 기술적 요소인지 경제적 요소인지에 따라 공학과 비즈니스 관점에서 기술적 플랫폼과 경제적 플랫폼으로 나눌 수 있다.[4]

기술적 플랫폼은 '제품 개발과 생산 시스템에 범용적으로 활용되는 표준화된 하드웨어 및 소프트웨어 기술. 핵심 기술을 표준화, 모듈화, 공용화함으로써 개방형 혁신 활동을 촉진하는 기술'로 정의된다.[5] 이는 상품이나 프로그램을 개발, 제조할 수 있는 기반 시설을 말한다. 제품 자체뿐만 아니라 제품을 구성하는 부품일 수도 있고, 다른 서비스와 연계를 돕는 기반 서비스가 될 수도 있다. 이는 유형의 하드웨어 플랫폼과 무형의 소프트웨어 플랫폼을 포괄하는 개념이다.

하드웨어 플랫폼은 대표적으로 자동차 산업을 떠올리면 이해하기 쉬운데, 최근 전기차 시대가 도래하면서 현대 자동차가 발표한 전기차를 위한 전용 플랫폼 E-GMP(Electric-Global Modular Platform)가 대표적인 예이다. 전기차에 꼭 필요한 모터와 배터리가 포함된 자동차 하부를 모듈화 및 표준화한 이 통합 플랫폼의 개발로 하나의 플랫폼을 여러 차종에 활용하고 생산 효율도 높일 수 있게 되었다. 즉 하드웨어 플랫폼은 표준 공정을 통해 다양한 제품을 만들어 내는 생산 도구의 하나로 이해할 수 있다. 소프트웨어 플랫폼에는 산업에서 사용되는 것 이외에도 개인에게 익숙한 iOS나 안드로이드(Android)와 같은 스마트폰의 운영 체제나 웹 브라우저 등이 있고, 개발자가 개발하기 쉽게 여러 환경을 제공해 주는 개발 플랫폼도 이에 포함된다. 따라서 기술적 플랫폼은 '재사용을 목적으로 하는 표준화된 유무형 자산'이라고 말할 수 있다.

한편 경제적 플랫폼은 '판매자와 구매자를 이어 주는 매개자로서의 시장'을 의미한다. 사람 또는 기업이 거래하기 위해 공통으로 사용하는 수단이자 기본 구조의 개념인 것이다. 오늘날 인터넷과 컴퓨터가 발전하면서, 경제적 플랫폼은 '디지털 시대의 시장'이 되었다. 애플의 앱스토어

(App store)는 앱 판매자와 구매자가 모이는 경제적 플랫폼의 대표적인 예이다. 초기 앱스토어는 구매자가 0.99달러라는 비교적 저렴한 가격에 유용한 앱들을 구매해서 아이폰을 다양하게 활용할 수 있게 했고, 개발자는 자신의 앱을 다수의 사용자에게 쉽게 홍보하고 판매해 보상을 얻을 수 있었다.

비록 플랫폼을 바라보는 관점에 따라 기술적/경제적 플랫폼으로 분류했지만, 실제로는 조금 더 넓은 의미로 받아들여야 한다. 플랫폼이 복합적인 경우가 많기 때문이다. 이 시대 가장 성공한 플랫폼 중의 하나인 유튜브를 예로 들어 보자. 콘텐츠 공급자들이 자신의 콘텐츠를 올리는 도구를 제공하고, 콘텐츠 소비자들이 스마트폰, 스마트 패드, PC 등 다

그림 5. 현대 자동차의 전기차 전용 플랫폼 E-GMP.

양한 단말기에서 영상을 볼 수 있도록 하는 점에서 기술적 플랫폼이라고 할 수 있다. 하지만 광고주가 광고를 넣고, 콘텐츠 소비자는 자신이 원하는 영상을 보는 댓가로 광고를 시청하고, 콘텐츠 공급자는 그 광고의 댓가를 일부분 가져가는 점에서 볼 때 경제적 플랫폼이라고도 할 수 있다. 따라서 플랫폼은 공급자, 소비자 등 다양한 이해 관계로 얽힌 그룹들이 참여해서 각 그룹이 원하는 가치를 공정한 거래를 통해 교환할 수 있도록 구축된 환경으로 받아들이는 편이 좋다.

애플과 구글의 스마트폰과 앱스토어 플랫폼 주도 경쟁을 시작으로 플랫폼은 이후 다양한 산업과 분야에서 주요한 화두가 되었다. 현재 미국의 시가 총액 상위를 차지하는 빅 테크(big tech)들 또한 대부분 플랫폼 기업을 지향한다는 점에 주목할 필요가 있다. 애플과 구글은 말할 것도 없고, 아마존은 세계 최대의 전자 상거래 플랫폼뿐만 아니라 클라우드 플랫폼 사업자이다. 마이크로소프트는 윈도우 OS로 유명하지만, 최근 클라우드 플랫폼을 전면에 내세워 실적 개선에 성공했다. 메타(=페이스북)은 세계 최대의 소셜 네트워크 플랫폼이고, 넷플릭스는 OTT 플랫폼의 선두 주자이다. 이렇듯 미국에서뿐만 아니라 세계적으로 인정받고 승승장구하는 기업들은 대부분 플랫폼을 기반으로 하고 있다. 결국 플랫폼 시장 선점이 시장을 지배할 핵심 경쟁력이 되는 것이다. 이는 곧 CPS가 기술 및 경제적으로 성공하기 위해 플랫폼 형태를 지향해야 하는 이유이다.

도구와 기술, 플랫폼에 이르기까지 다양한 진화의 물결 속에서 우리는 현재 CPS의 도래를 눈앞에 두고 있다. 모든 과학의 발전이 CPS를 위한 것이라고 이야기하기는 어렵지만, 적어도 많은 부분이 CPS와 함께 그 쓰임에서 빛을 발할 것이 틀림없다. 과학의 날 초등학교 행사 그림의 단골 소재인 '날아다니는 자동차'보다 먼저 우리가 만나게 될 CPS는, 스티브 잡스(Steven Jobs)가 아이폰을 세상에 선보인 그날의 충격보다도 더 놀라운 세상의 변화를 가져온다. 스마트폰 없는 세상을 상상하기 힘들 정도로 어느덧 스마트폰이 우리 삶에 깊숙이 스며들었듯이, CPS 또한 우리 삶에 서서히 스며들고 있으며, 정신을 차렸을 때 우리는 이미 사이버 물리 공간 속을 여행하고 있을 것이다.

2장
사이버 물리 공간과 산업

1. AI 생태계와 즐거움

우리 사회는 어떻게 진화할 것인가

KAIST 이광형 총장은 현시대를 '기정학(技政學)의 시대'라 명명했다.[1] 과거 국제 정치가 지리적인 위치 관계, 즉 지정학(地政學)에 좌우되는 시대였다면 이제는 기술 패권이 국제 정치를 좌우하는 시대에 들어섰다는 뜻이다. 기술 경쟁력 확보가 국가 미래에 결정적인 역할을 하는 지금, 세계 각국은 과학 기술을 기반으로 한 국가 전략을 적극적으로 수립하고 있다. IT가 생태계의 기반이 되는 사회에서 AI 기술을 기반으로 하는 사회로의 진화는 어떻게 이루어지게 될까?

IT가 생태계의 기반이 되는 사회 이제는 산골 구석에 사는 자연인도 텔레비전을 보고, 백발이 성성한 할머니가 휴대 전화로 문자 메시지를 보내며, 유치원에 들어가지도 않은 아이라도 스마트폰으로 인터넷에 접속하는 일이 더는 흥미롭지 않다. 책상에 앉아 PC 앞에서 하던 업무도 스마트폰이나 스마트 패드로 대부분 처리할 수가 있어서 굳이 기계가 있는 곳을 찾아가 작업할 필요도 없어졌다. 지금은 너무도 당연시되는 현상이지만, 당시에는 등장에 따른 핑크빛 전망, 반대로 각종 부작용을 걱정하는 우울한 미래 전망으로 세상을 시끄럽게 했던 신기술들이다.

대한민국 IT의 시작은 국내 기술로 처음 라디오를 만들었던 1958년까지 거슬러 올라간다. 부유층의 전유물이었던 일제 강점기 외제 라디오의 시기를 거쳐, (LG의 전신인) 금성사가 이때 한국 최초의 라디오 A-501을 개발하게 된다. 이후 1960년대 아남산업, 삼성전자의 전신인 삼성전자공업 등이 출범하면서 국내 과학 기술 산업의 기반이 구축되기 시작했다. 이후 1970년대 들어 첫 컬러 텔레비전이 개발되고, 국내 기업이 반도체 산업에 뛰어들기 시작했으며, 1980년대에 이르러 드디어 대한민국에 처음 인터넷 연결이 가능한 시기가 도래했다.

그러나 일반인이 인터넷을 이용하게 되기까지는 그 후로도 10년이 넘는 시간이 필요했다. 1990년대 들어 데이콤, 하나로텔레콤, 한국통신 등이 앞다투어 상용 인터넷 서비스를 시작했으며, 이후 1990년대 말부터 '전자 상거래'라는 이름으로 온라인 쇼핑몰이 등장하기 시작했다. 특히 여러 사용자가 동시에 접속 가능한 게임 '리니지'의 등장은 획기적이었다. 이와 더불어 싸이월드와 같은 초창기 소셜 네트워크 서비스의 등장으로 대중은 새로운 사이버 세상에 흠뻑 빠져들게 된다. 네이버, 다음과 같은 국내 포털 사이트 또한 이 시기에 등장했다.

바야흐로 2007년에는 애플의 아이폰이 세상에 처음으로 등장한

그림 5. KT의 인터넷 역사.

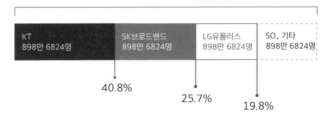

그림 6. 초고속 인터넷 가입자 현황. (2020년 4월 기준, 자료: 과기정통부)

다. 폴더블폰이 대세였던 휴대 전화 시장에 혜성같이 등장한 아이폰, 그리고 앱스토어 생태계는 기존 휴대 전화 생태계의 종말과 스마트폰 시장의 새 시대를 열었다. 물론 이러한 변화는 또한 2010년 이후 초고속 무선 데이터와 멀티미디어 서비스를 가능하게 한 롱텀 에볼루션(long-term evolution, LTE) 기술의 등장과 맞물려 가능했던 것이기도 하다. 이때부터 사람들이 스마트폰을 통해 인터넷에 상시 접속하고, 그동안 텔레비전, PC로 해 왔던 영상 시청이나 정보 검색을 스마트폰으로 하는 것이 놀랍지 않은 시대가 왔다고 해도 과언이 아닐 것이다.

이러한 변화를 거치면서 우리 사회는 IT 인프라를 통해 발전하는 국가, 명실상부 IT 강국으로의 첫발을 내디뎠다. 만 3세 이상 국민 전체 중 90.3퍼센트가 인터넷을 이용하고 10대, 20대, 30대의 인터넷 이용률이 99퍼센트가 넘는 나라, 인터넷 뱅킹과 쇼핑 등 경제 활동의 핵심 도구로 인터넷이 이용되는 나라로 발전한 것이다. 이러한 성과는 대외적으로도 인정받았다. 대한민국은 블룸버그 뉴 에너지 파이낸스(New Energy Finance, NEF)가 발표한 '2020 국가 산업 디지털화 순위'에서 당당히 1위에 올라선다. 이 지표는 제조에서 배전에 이르기까지 산업 시스템이 스마트 기술의 도입으로 가장 빠른 효율성 향상을 경험할 수 있는 시장인지를 평가하는 지표인데 2위는 싱가포르, 3위는 독일이 차지했다. 이로써 우리나라는 국민의 IT 활용 수준뿐 아니라 전 산업의 인프라가 IT를 기반으로 고효율화될 수 있는 기반을 갖추고 있다는 점을 세계적으로도 인정받은 것이다.

인공 지능이 생태계의 기반이 되는 사회 IT가 기반이 된 대중의 일상생활은 매우 빠른 속도로 변해 왔다. 비행기, 기차, 택시, 자전거 등 이동 수단의 예매와 이용을 스마트폰으로 하고, 밤 11시에 주문한 식료품을 다음 날 새벽 문 앞에서 받아보는 등 온라인 쇼핑의 형태도 진화했다. 특히 최근에는 코로나19의 확산으로 비대면으로 업무를 처리하고 회의를 진행하는 등 사무실에서 이루어지던 일의 형태도 급속도로 변해 왔다.

하지만 인류의 일상은 이제까지보다 더욱 큰 변화를 눈앞에 두고 있다. IT 인프라가 구축된 사회에서 인공 지능이 생태계 전반에 스며들게 되면 IT가 처음 도입되었을 때의 충격보다 더 큰 지각 변동이 일어날지도 모른다. 머지않은 시간 내에 주변에 설치된 각종 센서나 몸에 장착하고 있는 웨어러블 기기를 통해 실시간으로 우리에게 필요한 행위나 정보를 인공 지능이 스스로 찾아서 도와주는 환경이 만들어질 것이다. 일례로, 병원에서는 인공 지능이 환자를 간호하는 간호사를 도와주고, 요양 병원에서는 노인을 간병하는 의료 인력을 돕는다. 교통사고나 산업 재해가 발생한 현장에서는 긴급 구호나 응급 환자 수송에도 도움을 줄 수 있다.

여가를 보내는 방식 또한 변화를 겪게 될 것이다. 이제 우리는 생활 중에 쌓인 피로를 풀고 스트레스를 해소하기 위해 메타 퀘스트(Meta Quest)와 같은 가상 현실 헤드셋을 쓰고 사이버 공간에서 물리적으로 멀리 떨어진 사람과 탁구를 한다. 현실 공간에 홀로그램을 띄우는 홀로렌즈(HoloLens)를 장착해 혼합 현실을 실질적으로 체험하며, 이렇게 가상 세계와 현실 세계가 결합된 새로운 공간에서 그동안 PC나 스마트폰에서 했던 게임을 더욱 실감 나게 즐길 수도 있다.

이 모든 것을 가능하게 하는 인공 지능은 하루아침에 나타난 기술이 아니다. 이미 1950년대에 영국의 수학자 앨런 튜링(Alan Turing)은 기계가 '생각'의 과정인 추론이 가능한지, 지능적 기계의 개발 가능성과 학습하는 기계 등에 관한 연구를 발표했다. 이것이 현대 컴퓨터 구조의 기초이며, 인공 지능 역사의 시작이기도 하다. 그러나 인간의 뇌를 표방하는 인공 지능의 초기 형태는 사실상 전기 스위치처럼 On/Off되는 인공 신경을 그물망 형태로 연결해 인간 뇌의 아주 간단한 기능을 흉내 낼 수 있음을 증명하는 정도에 불과했다.

이후에도 AI 기술은 원대한 꿈과 달리 별다른 진전을 보이지 못하다가, 1980년대 들어서 산업계에 소위 인공 지능을 활용한 시스템이 도입되면서 주목받기 시작했다. '전문가 시스템(expert system)'이라고 불리던 이 시기의 인공 지능은 특정 분야에서 전문가가 지닌 지식과 경험, 노하우 등을 컴퓨터에 축적해 전문가 수준의 문제 해결 능력을 갖추는 것을 목표로 했다. 이를 위해서 ① 지식과 경험의 데이터베이스화 ② 의사 결정 추론 엔진 개발 ③ 사용자 인터페이스 개선 등을 이루었으며, 이를 통해 기업의 의사 결정 과정을 돕는 데 활용되었다. 전문가 시스템은 당시 미국의 500대 기업 절반 이상이 사용할 만큼 대중화되었으며, 관련 투자 또한 활발하게 일어나면서 인공 지능의 시대가 도래하는 듯했다.

그러나 전문가 시스템의 개발 및 도입에 필요한 투자 대비 효용성의 한계가 노출되면서 인공 지능 연구는 또다시 대중화와 거리가 먼 슈퍼 컴퓨터, 시뮬레이션 분야로 전환되는 불운을 맞게 된다. 그러던 2015년, 인공 지능의 분야 중 하나인 이미지 인식에서 인공 지능 알고리듬이 사

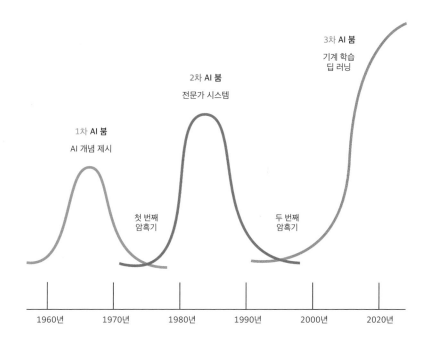

1차 AI 붐
AI 개념 제시

2차 AI 붐
전문가 시스템

3차 AI 붐
기계 학습
딥 러닝

첫 번째
암흑기

두 번째
암흑기

1960년   1970년   1980년   1990년   2000년   2020년

그림 7. 인공 지능의 발전사.

람의 정확도(오류율 5퍼센트)를 뛰어넘는 사건이 발생한다.[2] 20퍼센트를 상회하던 기존의 오류율을 획기적으로 낮춤으로써 음성, 이미지 인식 분야를 시작으로 AI 기술이 다시 한번 전성기를 꿈꿀 수 있는 상황이 조성된 것이다.

이런 분위기를 반영했던 대표적 사례로 구글이 첨단 인공 지능(딥 러닝) 회사인 딥마인드 테크놀로지(DeepMind Technologies)를 2014년 4억 파운드(한화 약 7000억 원)에 인수한 사건이 있다. 영국에 기반을 둔 4년 차 스타트업이 유럽에서 가장 큰 M&A 중 하나의 주인공이 된 것이다. 이로써 인공 지능 시장의 잠재성에 대한 세간의 관심이 쏟아지기 시작했다. 국내에서도 딥마인드 사가 개발한 알파고(AlphaGo)와 이세돌의 대결은 인공 지능에 대한 사회적 관심을 불러일으켰다. 게다가 결과가 4:1로 알파고의 승리로 끝나면서, 인공 지능이 인간을 위협하는 시대가 성큼 다가오는 것은 아닌지 대중의 공포를 자극하는 각종 메시지가 언론, 책, 미디어를 통해 쏟아지기도 했다.

AI 생태계의 도래

인공 지능의 등장과 다섯 가지 분야 인공 지능이 일반 대중에게 크게 주목받았던 시기는 1997년 IBM의 딥 블루(Deep Blue)가 세계 체스 챔피언을 이기고, 2011년에는 같은 회사의 왓슨(Watson)이 퀴즈 프로그램에서 승리했을 때이다. 우리나라의 경우에는 2016년 구글 딥마인드 사의 알파고와 이세돌 9단의 바둑 대국으로 인공 지능에 주목하기 시작한 사람들이 많아졌다. 이후 사람들은 다양한 환경에서 수집 가능한 거의 모든 데이터를 인공 지능/기계 학습(machine learning) 알고리듬에 적용하려 시도하고 있다. 이러한 노력의 산물일까, 최근에는 인공 지능 알고리듬만 가지고 매년 수천억 원 이상의 수익을 올리는 기업이 등장했다.

이를 통해 몇 년 전만 하더라도 동문서답의 대명사였던 인공 지능은 이제 유심히 보지 않으면 인간과의 차이를 느끼기 힘들 정도로 발전했다. 2014년 튜링 테스트(turing test, 컴퓨터의 반응을 진짜 인간의 반응과 구별할 수 없는지를 확인하는 것)를 통과한 첫 사례가 나온 이후, 다양한 분야에서 인간과 인공 지능을 대중이 구별할 수 있는지에 대한 서비스가 시범적으로 시행되고 있다. 우리는 머지않은 시간 내에 삶과 업무에서 사람을 대신할 인공 지능이 탑재될 것을 기대할 수 있다.

인간의 감각 중 특히 시각과 청각에 대해서는 이미 많은 부분 인간과 유사한 수준의 정보 수집이 가능하다. 영상과 음성/음향 신호를 인공 지능으로 분석하는 비용이 급속히 낮아지고 있기에 설치되는 카메라나 마이크에 인공 지능 기술을 탑재하는 편이 더욱 경제적일 수 있다. 영상이나 음성을 파악해서 사람들이 미처 인지하지 못한 상황 정보를 재빨리 알려 주거나, 재난이나 긴급 상황의 발생에 대한 미세한 신호를 읽고 경고를 보낼 수도 있을 것이다. 이를 위해 현재 전 세계 수백만 명이 인공 지능/기계 학습 알고리듬을 바탕으로 데이터를 분석하고 실질적인 인간의 삶에 적용하고자 연구하고 있다는 사실을 알아두자. 우리는 향후 수십 년간 인공 지능의 효과를 누리면서 살 수 있다.

현재 연구 중인 인공 지능/기계 학습 알고리듬은 수천 가지 이상이 있지만, 이들을 유형별로 구분하면 크게 다섯 가지 형태로 나눌 수

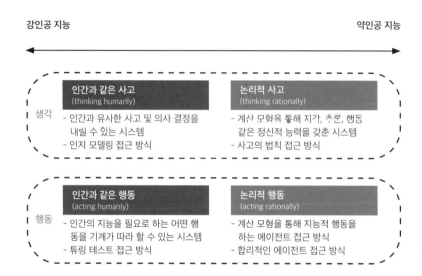

그림 8. 사고의 깊이, 행동 방식에 따라 구분되는 인공 지능의 유형.

있다. 이는 마치 인간의 뇌가 뇌간을 중심으로 대뇌와 소뇌, 중뇌 같은
기관으로 구분되는 것과 비슷하다. 첫 번째 인공 지능 분야는 플라톤
(Plato)의 논리학이나 철학과 비슷한 방식으로 추론하는 것이다. 이때
논리적인 규칙에 따라서 추론하기도 하지만, 실질적으로 얻어지는 경험
에 따라서 귀납적으로 추론할 수 있다. 두 번째 분야는 인간 뇌의 뉴런
이 추론하는 과정을 따라가는 것이다. 예를 들어 눈을 통해 들어오는 이
미지를 수만 개의 신경 세포가 동시에 연결되어 병렬로 처리하면 뇌는
지금 보는 대상이 무엇인지를 과거의 기억과 비교해 즉시 추론할 수 있

다. 세 번째 분야는 인간의 유전자가 진화하는 모형에 기반한 유전 알고리듬이다. 이는 찰스 다윈(Charles Darwin)의 진화론과 유사한 방식으로, 생물이 진화하면서 자연 선택 과정에 따라서 적합성이 높은 것을 선택하는 방식이다. 예를 들어 암을 진단하고 치료하는 과정은 단순히 논리나 경험에 기초해서만 진단하는 것이 아니라 인공 지능이 실수할 가능성을 줄이고, 최적 상태로 진화할 수 있도록 추론해야 한다.

네 번째 분야는 통계학에 기반을 두어 확률적으로 추론하는 방식이다. 이는 사건들의 원인과 결과에 대해 인과 관계의 확률을 계산할 수 있다는 가정 아래 추론하는 방식으로, 일어날 가능성이 있는 상황에 대해 확률에 근거한 판단을 내린다. 때로 초기 선택지가 너무 많으면 고려해야 할 경우의 수가 기하급수적으로 늘어나서 실질적으로 추론을 하기가 매우 어렵다. 이 경우 사건이 발생하는 경우의 수에서 확률이 낮은 것을 제거하거나 최종 판단을 위한 상태를 제한해야 한다. 그러나 추론하는 과정에서 최종 상태를 확률적으로 구할 수가 없다면 실제 적용이 불가능하다는 한계가 있다. 다섯 번째 분야는 수학적인 측면에서 유사성을 찾는 알고리듬이다. 이는 비슷한 그림을 찾는 게임과 비슷하다. 즉 입력된 데이터가 기존에 기억하고 있는 데이터와 가장 유사한지를 추론한다. 다만 비교 대상에 색, 모양, 크기, 기울기 등 유사성을 판단해야 할 조건이 많아지면 추론이 어려워지는 한계가 있다.

우리는 이렇게 현재 연구되는 수많은 인공 지능/기계 학습 알고리듬을 크게 다섯 가지로 구분했다. 그러나 실질적인 상황에서 인공 지능 알고리듬은 간단한 경우를 제외하고는 특정한 한 가지 방식으로 추론할 수 없으며, 다양한 알고리듬을 복합적으로 결합해 추론해야 한다. 적용되는 인공 지능 알고리듬의 종류는 수집 가능한 데이터 종류와 추론하고자 하는 것이 무엇인지에 따라서 달라진다. 향후 인공 지능 연구를 지속하면, 상황에 맞게 추론할 수 있는 인공 지능 알고리듬에 대한 적용 경험이 축적되고 우리 삶 속에 등장할 것을 기대할 수 있다.

인공 지능 생태계의 현재 2023년 현재 인공 지능은 세상을 얼마나 바꾸었을까? 늘 그래 왔듯이 AI 기술은 아직도 핑크빛 미래에 대한 기대와 우려의 시선을 동시에 받고 있다. 예를 들어 알파고를 탄생시켰던 세계 최고의 AI 회사인 구글 딥마인드는 바둑으로 인공 지능의 잠재력을 선보인 이후 게임, 헬스 케어, 에너지 분야에서도 잇달아 성과를 내며 업계의 기대감을 높이고 있다. 특히 헬스 케어 분야에서는 단순한 기술 공개가 아닌 상용 제품을 출시하기도 했다. 녹내장, 황반변성 등의 안과 질환 진단을 돕는 기기를 시장에 내놓은 것이다. 이 기기는 일반 의사의 진단(오차율 6.7퍼센트~24.1퍼센트) 보다도 낮은 수준의 오차율(5.5퍼센트)을 선보이며 업계의 주목을 받았다. 그 밖에도 급성 신장 손상을 감지하는 모바일 의료 보조 프로그램이나 인공 지능 기반 유방암 진단 프로그램 등 인공 지능 솔루션의 상업화를 위한 노력이 더 많은 영역에서 현재 진행 중이다.

물론 투자 대비 효용성의 문제는 여전히 이슈다. 알파고 출범 당시 약 100명이던 구글 딥마인드 사의 직원은 아마존, 애플, 메타 등과의 치열한 인력 확보 전쟁 와중에 1,000명까지 늘어났다. 하지만 상용 제품이 출시되었다고 해도 여전히 기초 과학 연구에 가까운 딥마인드 사의 사업 모형은 당장 이윤을 창출하기 쉽지 않다. 데이터 확보나 윤리적인 문제도 발목을 잡는 요소다. 인공 지능이 학습하기 위해서는 양질의 대규모 데이터 확보가 필수인데, 이 과정에서 정보 주체의 권리와 권한을 해치지는 않는지, 특히 헬스 케어와 같은 민감한 분야에서 환자 정보가 제대로 관리되고 있는지에 대한 세간의 비판과 우려가 매섭다.

현재 가장 앞서나가고 있는 인공 지능 기업으로 평가되는 구글 딥마인드 사의 명암은 인공 지능 사회의 도래를 위한 방향성에 시사하는 바가 적지 않다. 특히 기업의 본질적인 측면인 이윤 창출에 대해 시장은 답을 요구하고 있다. 딥마인드 사뿐만이 아니다. MIT 슬론 매니지먼트 리뷰(MIT Sloan Management Review, MIT SMR)에 따르면 AI 제품을 출시한 기업 중 수익을 내지 못하는 기업이 절반 이상이며(60퍼센트 이상), 이로 인해 기업이 인공 지능이 기회라고 인식하는 비율 또한 절반 이하로 낮아졌다고 한다. 오히려, 투자 대비 수익을 거두지 못하는 AI 기술을 기회가 아닌 위험 요소로 간주하는 기업의 비율이 45퍼센트나 된다는 것이다. 즉 AI 기술이 지금과 같은 수준으로 경제 효과를 창출하지 못한다면 또다시 대중화와 멀어져 시장과는 동떨어진 순수 기초 과학의 영역에 머무르는 것은 아닌지 우려의 시선도 적지 않다.

따라서 인공 지능이 지속적으로 진보하고, 이것이 인류의 삶을 개선하는 데 기여하기 위해서는 시장에서의 반응을 살필 필요가 있다. 여전히 연구 영역에서는 식을 줄 모르는 관심을 받고 있지만, 시장의 영역에서도 살아남을 방법을 마련해야 하는 것이다.

인공 지능이 시장을 만족시키려면 AI 제품이 대중화되기 위한 조건은 무

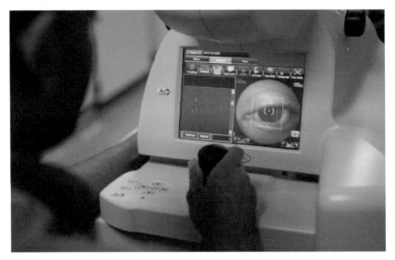

그림 9. 구글 딥마인드 사의 안구 질환 진단 AI.

엇일까? 물론 AI 제품도 딥마인드 사의 의료 진단 기기처럼 세상에 없
던 하이테크 제품부터 AI 냉장고, AI 세탁기 등 가전 기기와 결합된 제
품, 혹은 AI 투자봇 등 서비스 제품까지 카테고리나 가격대가 다양하기
때문에 모든 사례를 일반화해서 이야기할 수는 없다. 그러나 양 극단에
있는 제품을 차치하더라도 AI 제품은 기본적으로 '혁신' 제품에 해당하
고, 혁신 제품이 대중화 단계에 이르기까지 겪는 공통된 과정과 변수에
관해서는 다양한 측면에서 연구가 이루어져 왔다.

　그중에서도 특히 주목해야 할 변수는 사용자의 인지적 요인이다. 새
로운 혁신 제품이 고객의 선택을 받느냐는 사용자에게 얼마나 새로운
경험적 가치를 제공하느냐에 달려 있다. 고객이 가지고 있던 문제를 획
기적인 방식으로 해결하거나 이전에 갖지 못한 새로운 만족과 즐거움을

선사하는 식이다. 이를 통해 사용자의 습관과 생활이 바뀌는 진전을 이룬다면 대중이 해당 제품을 선택할 이유는 명확하다.

그렇다면 경험적 가치는 구체적으로 어떻게 제공할 수 있을까? 기술 수용 모형(tachnology acceptance model) 이론 계열의 많은 연구는 가장 핵심적인 요인으로 세 가지를 꼽는다. 바로 인지된 유용성(perceived usefulness), 인지된 용이성(perceived ease of use), 인지된 유희성(perceived playfulness)이다. 이 세 가지 요인을 사용자에게 제공할 수 있다면 그것이 경험적 가치의 극대화이며, 따라서 대중에게 수용될 가능성이 크다는 것이다.

인지된 유용성은 제품으로부터 기대하는 성과를 말한다. 고객이 제품을 통해 기존의 제품이나 서비스보다 훨씬 우수한 성능을 경험한다면 구매할 이유는 충분하다. 예를 들어 AI 기술이 들어간 세탁기나 건조기 등의 가전 제품을 사용해 봤더니 기존 제품 대비 더욱 만족스럽게 세탁과 건조가 되었다면 앞으로도 인공 지능이 탑재된 가전 제품을 사용하려는 의도가 커질 것이다. 반대로 별 차이를 느끼지 못한다면 AI 기술에 대한 기대치 자체가 낮아지는 것은 당연한 결과다.

인지된 용이성은 혁신 기능이 들어간 제품을 사용자가 얼마나 쉽게 사용 가능한가에 관한 것이다. 예를 들어 회사에 새로운 AI 기반 문서 관리 시스템이 도입된다면, 그 사용법이 얼마나 직관적인지에 따라 활용률이 결정될 수 있다. 새 시스템이 가져다주는 장점이 아무리 많다 하더라도 사용하기 불편하다면 조직 구성원에게 외면받을 확률이 높다.

마지막으로 인지된 유희성은 말 그대로 즐거움에 관한 이야기다. '유

표 1. 기술 수용 모형의 주요 변수.

변수	정의
인지된 유용성 (perceived usefulness)	'특정 기술이나 혁신을 사용함으로써 개인의 업무 수행을 향상시켜 줄 것이다.'라는 신념. (Davis, 1989)
인지된 용이성 (perceived ease of use)	'특정한 기술이나 혁신은 사용하기 쉽다.'라는 신념. (Davis, 1989)
인지된 유희성 (perceived playfulness)	특정 시스템의 이용 행위 자체가 즐겁다고 인식하는 정도. (Venkatesh and Davis, 2000)

희(遊戱)'는 사전적 의미로는 특별한 목적 의식 없이도 그것 자체로서 흥미를 느끼고 즐거워하는 것을 말한다. 혁신 제품을 사용하면서 느끼는 즐거움과 쾌감, 몰입의 경험 정도는 사용자에게 중요한 동기다. 예를 들어, 최근 국내에 확산하기 시작한 AI 스피커의 사례를 살펴보자. 헤이카카오, OK 구글, 빅스비, 시리 등 음성 명령 서비스는 정보를 제공하기도 하지만, 사용자들은 기계와의 대화 자체에 흥미를 느끼고 대화를 이어가기도 한다.

지금의 AI 제품은 세 가지 핵심 요인을 충분히 제공하고 있을까? AI 제품이 인지된 유용성과 용이성, 유희성을 통해 대중에게 다가갈 수 있는 것일까? AI 제품 또한 종류나 목적에 따라 대중에게 어필하고자 하는 요인이 다르고, 각자의 목적에 충실한 상용 제품들도 있다. 예를 들어 구글 딥마인드 사의 의료 진단 기기는 사람의 진단보다 오진율을 낮춤으로써 인지된 유용성을 주는 데 주요 가치가 있다. 한편 냉장고에 AI 기능을 탑재해 사용자가 별다른 추가적인 행위를 하지 않아도 음식물을 관리할 수 있다면, AI 냉장고는 소비자에게 인지된 용이성을 제공하는 제품으로 볼 수 있다. 인지된 유희성은 인공 지능을 기반으로 하는 게임에서 가장 두드러지게 나타난다. NPC(non player character)가 모든 사용자에게 일률적으로 반응하는 대신, 게이머의 진행 패턴, 수준 등에 따라 사실적으로 반응하는 게임이 대표적이다. 이러한 게임들은 사용자의 몰입도를 더욱 높여 사용자를 게임 세상에 더 오래 머무르게 하는 주요 동인이 될 수 있다.

그런데 인공 지능을 통해 인지된 유용성이나 용이성을 충분히 높이기 위해서는 상용 가능한 수준의 기술적 진보가 선행되어야 한다. 인공 지능은 기본적으로 인간을 대체할 수 있는 수준의 지능 구현을 지향한다. 따라서 어떤 제품이나 서비스가 이를 달성해 대중이 그 효용성을 경험적 가치로 체감하는 수준에 도달하기란 쉽지 않은 일이다. 게다가 현재 인공 지능을 학습시키기 위해 요구되는 데이터의 확보나 인간을 대체하는 수준의 인공 지능 사용에 대한 윤리 문제도 여전히 사회적 합의가 요구되는 상황이다. 따라서 인지된 유용성과 용이성의 가치를 주는 AI 제품의 대중화를 위해서는 아직도 풀어야 할 숙제가 많다.

하지만 유희의 측면에 주목한다면 긍정적인 측면도 많다. 먼저 유희의 가치, 즐거움과 몰입의 가치를 제공하는 제품이나 서비스는 반드시 현실 세계에 한정될 필요가 없다. 즉 가상 공간에서 마음껏 개발하고 적용해 보는 것이 가능하다. 예를 들어 게임 플랫폼에 적용되는 인공 지능은 사용자가 게임을 진행하면서 자체적으로 생산되는 데이터를 통해 학습 가능하기에 비용적이나 윤리적 측면에서 비교적 안전하다. 또한 가상 공간이기 때문에 인공 지능을 적용하거나 실험할 때 현실보다 오동작에 따른 위험 부담이 적다.

즐거움, 모든 문화 현상의 기원

네덜란드 역사학자 요한 호이징가(Johan Huizinga)는 인간을 호모 루덴스(*Homo ludens*), '유희하는 인간'이라고 정의했다. 그는 모든 문화 현상의 기원을 놀이에서 찾았다. 그는 인간의 두뇌 활동 자체가 고도의 유희라고 보았으며, 인간은 놀이를 통해 인생관과 세계관을 표현하는 존재라고 했다. 또 호모 루덴스로부터 호모 사피엔스(*Homo sapiens*)의 산물인 문화가 발생했다고 주장했다. 즉 문화는 처음부터 유희, 즉 목적이나 결과에 연연하지 않고 순수한 마음으로 노는 것에서 비롯되었으며, 놀이 속에서 비로소 문화가 발달했다는 것이다.

인공 지능 사회로의 전환에서도 즐거움을 쫓는 인간 본성의 역할은 결코 가볍지 않을 것이다. 같은 조건이라면 무엇이든 유희의 요소가 추가된 것을 인간이 선택하리라는 것은 예측하기 어렵지 않다. 유희의 가치를 제공하는 AI 기술은 대중의 삶에 가장 쉽고, 단시간 내 스며들어 새로운 문화를 창조할 수 있다. 이렇게 문화에서 시작된 변화가 결국 인간의 삶을 바꾸는 시발점이 된다는 것이 곧 호모 루덴스를 정의한 호이징가의 주장이기도 하다.

그러나 인간의 즐거움은 단순하지 않다. 쾌락 추구만이 인간의 즐거움이라고 생각하는 이는 아무도 없다. 행복감도 즐거움을 주고, 만족감도 즐거움을 준다. 쾌락과 행복감, 만족감은 어떻게 인간에게 즐거움을 주는 것일까?

행복과 즐거움 UN(United Nation)이 매년 발표하는 국가별 행복 지수에서 행복의 개념은 현재의 삶과 생활에 대한 만족도를 측정하는 것에 가깝다. 각자의 직업이나 가족, 건강, 사회적 관계에 대해 얼마나 만족하는지를 묻는 것이다. 그러나 이것만으로 행복을 정의하기는 어렵다. 따라서 심리학자들은 생활 만족도와는 다른 '주관적 안녕감(subjective well-being, SWB)'이라는 개념을 더하기도 한다. 주관적 안녕감이란, 개인의 삶에 대해 긍정적인 정서와 부정적인 정서를 얼마나 느끼느냐 하는 것이다.

주관적 안녕감을 정의하고 측정하고자 노력한 사람은 미국 일리노이 대학교의 에드 디너(Ed Diener)다. 사람들은 자신이 살아 온 인생의 경험에 비추어 서로 다른 가치관을 가지는데, 기존의 사회·경제적 지표로는 이와 같은 관념적 개념을 포괄할 수 없다는 것이 그의 생각이다. 따라서 디너는 생활 전반의 요소들에 대한 만족감을 묻는 방식에 긍정적인 감정과 부정적인 감정을 느끼는 상황이나 빈도에 대한 측정치를 더해 개인이 느끼는 행복감을 더욱 심층적으로 측정하고자 했다.

긍정적 정서와 부정적 정서를 야기하는 요소는 매우 다양하다. 디너는 '긍정적 정서 경험은 자주 발생하지만 부정적 정서 경험은 가끔 발생하는 상태'를 행복이라고 해석했다. 긍정적 정서 경험이란 즐거웠던 경험, 행복하다고 느끼거나 편안하다고 느끼는 경험, 안정감을 느끼는 상태 등을 말한다. 반대로 부정적인 정서 경험은 짜증이 나거나 무기력한 상태, 불행하다고 느끼는 상태다.

즐겁거나 행복함, 편안함이나 안정감을 느끼는 상태는 일상 속의 사소한 경험에서부터 가장 기본적인 욕구 충족의 경험까지 다양한 상황에서 접할 수 있다. 기본적인 의식주를 걱정하지 않아도 될 때 인간은 본능적으로 덜 불안하다. 특히 몸이 아프거나 물리적으로 고통스러운 상태에 있지 않아야 하는 것은 가장 기본적인 조건이다. 따라서 건강한 식습관, 생활 방식을 따르거나 규칙적인 생활을 통해 건강한 삶을 영위하고자 들이는 노력과 수고는 오히려 인간에게 긍정적인 정서를 가져다준다.

최근에 개인이 일상 속에서 자신의 건강을 더욱 잘 관리할 수 있도록 각종 웨어러블 기기의 발전이 급속도로 이루어지는 것 또한 이런 맥락에서 이해할 수 있다. 수시로 자신의 건강 상태를 확인함으로써 건강에 대한 불안과 부정적 정서를 낮추고 안정감을 줌으로써 일상의 만족감과 행복, 즐거움을 높이는 데 웨어러블 기기의 발전이 기여하는 것이다.

일상의 불편함을 해소하는 것도 긍정적인 정서를 일으키는 데 도움이 된다. 매일 아침 출근길, 꽉 막힌 도로 사정으로 예정 시간을 맞추는 법이 없는 버스를 하염없이 기다리던 중 마침내 버스가 도착한 상황을 생각해 보자. 그런데 버스가 이미 만차라 정류소를 그냥 지나치는 일이 하루건너 하루마다 반복된다면 어떨까. 이때 버스가 어디에 있는지뿐만 아니라 현재 탑승한 승객 수를 스마트폰 앱을 통해 미리 알 수 있고, 이러한 데이터와 교통 상황을 종합적으로 반영해 목적지까지 최적의 교통 수단을 추천해 주는 서비스가 있다면? 이러한 서비스를 이용할 때 느끼는 편리함, 일상에서의 불편이 해소되는 경험은 분명 개인에게 긍정적인 정서를 낳을 수 있다. 이렇게 쌓이는 긍정적인 정서 경험이 일상의

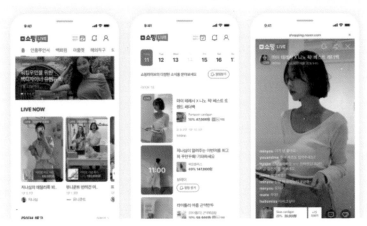

그림 10. 네이버 라이브 쇼핑 '쇼핑 LIVE'.

만족도를 높이고, 더 나아가 삶의 즐거움을 선사하는 것이다.

그런가 하면 쇼핑처럼 즐거움, 긍정적인 정서와 부정적인 요소가 결합되는 경험도 있다. 자신의 다양한 욕구를 충족시키는 쇼핑이 즐거운 것은 당연하다. 하지만 자신이 잘 모르는 분야의 쇼핑이 필요하거나 자신이 정확하게 원하는 것을 잘 모를 때, 수많은 사이트에서 판매하는 제품의 최저가를 찾고자 할 때 쇼핑은 마냥 즐거운 일만은 아니다.

시간과 노력을 투자하고도 원하는 결과를 얻지 못할 때나 쇼핑의 결과가 만족스럽지 않을 때, 우리는 당연히 부정적인 정서를 경험하게 된다. 그래서 최근에는 자신의 관심과 취향을 바탕으로 소비자의 쇼핑을 도와주는 서비스들이 매우 고도화되고 있다. 특히 단순히 원하는 물건을 빠른 시간에 합리적으로 산다는 쇼핑의 기본 목적을 충족시키는 것을 넘어서 쇼핑 자체를 하나의 새로운 경험의 영역으로 확장, 새로운 즐거움을 제공하기도 한다. 예를 들어 최근 유행하는 라이브 쇼핑은 유명 인플루언서나 다양한 크리에이터와 실시간 소통이 가능한 쇼핑 플랫폼이다. 라이브 쇼핑은 예능인지 쇼핑인지 구분이 모호할 정도로 하나의 콘텐츠화된 즐거움을 소비자에게 제공하며, 제품에 대한 실시간 소통뿐만 아니라 다양한 혜택을 제공함으로써 고객의 구매를 획기적으로 이끌어 내고 있다.

　물론 이러한 성공에는 고객 성향을 파악하고, 만족도를 높이기 위한 쇼핑 전 과정의 데이터 분석 및 실시간 대응을 가능하게 하는 기술적 혁신도 있다. 이렇듯 고객에게 새로운 경험을 제공하는 쇼핑의 등장은 쇼핑의 패러다임 전환을 이끈다고 해도 과언이 아니다. 그만큼 즐거움과 긍정적 정서 경험을 극대화하는 산업의 성장이 두드러지는 것이다.

　만족감(성취감)과 즐거움 교육의 경우도 마찬가지다. 인간은 지식 습득 과정을 통해 성취감을 느끼며, 성취감은 좋은 기분, 긍정적인 정서를 느끼게 하는 신경 전달 물질 세로토닌(serotonin)의 분비를 촉진한다. 반면에 재미도 없으면서 프로그램에 따라서 강제적으로 지식을 습득하는 과정은 많은 문제를 내포하고 있다. 물론 어려운 학습을 거쳐서 일정한 수준에 도달하면 그 이후부터 스스로 학습하는 것을 즐기는 상태까지 올라가는 경우도 있기는 하나, 대부분 중도에 포기하기 쉽다. 따라서 가장 중요한 것은 학습 단계별로 성취하는 즐거움이나 학습에 대한 호기심이 스스로 지속될 동기가 있느냐 하는 것이다. 높은 산을 등산하는 것은 정상에 도달했을 때의 쾌감을 얻고자 함이며, 이를 위해 수 시간 이상을 한걸음, 한걸음 고통스럽게 올라간다. 이러한 고통을 참아내는 것에 대한 회의가 생기면 등산의 즐거움을 알기는 어렵다. 악기 연주나 테니스, 자전거 같은 운동 또한 초기에 어렵게 습득하는 과정을 거치지 않으면 그 즐거움을 느끼기가 어렵다.

세상을 살아가면서 알아야 하는 지식은 아주 많으므로 이러한 것을 부모나 교사가 찾아 가면서 모두 가르쳐 줄 수는 없다. 더구나 미래 지식 사회에서는 학습해야 할 내용이 너무나 다양하고 많아서 분야마다 정도의 차이가 있고, 개인적 노력도 중요하지만 성취감을 통한 즐거움을 제공함으로써 스스로 학습할 수 있는 교육 프로그램의 개발이 더욱 중요하다.

따라서 향후 새로운 형태의 미디어는 게임에서 경험치를 쌓아 단계를 올라가는 것처럼 스스로 학습하는 즐거움을 느낄 수 있도록 진화할 것이다. 일찍이 『논어(論語)』에서 공자가 "학이시습지 불역열호(學而時習之 不亦說乎)", 즉 "배우고 익히면 또한 기쁘지 아니한가?"라고 하지 않았는가! 이는 곧 결국은 학습 과정, 교육이 그 자체로 인간에게 즐거움을 줄 수 있는 주요 영역이며, 또한 즐거움을 동기로 만드는 것이 지속적 교육에 중요하다는 점을 다시 생각하게 한다.

쾌락과 즐거움 쾌락은 즐거움과 거의 동일시된다. 차이가 있다면, 쾌락은 조금 더 본능적인 욕구와 욕망을 충족시키는 즐거움을 말한다. 쾌락은 매우 격렬하고 자극적인 만족감과 즐거움을 주는 반면, 오래 지속

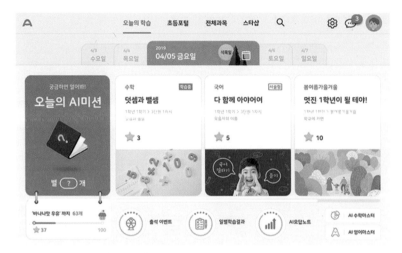

그림 11. AI 기반 태블릿 PC 학습 시스템 '웅진 스마트올'.

되지 않는다. 이런 특징 때문에 쾌락적 즐거움을 쫓는 행위는 '중독'이라
는 말과 함께 부정적으로 인식되기도 한다. 하지만 이 또한 쾌락적 즐거
움이 가지는 영향력을 인정함과 동시에, 따라서 이를 경계하려는 뜻을
갖고 있다.

쾌락적 즐거움을 제공하는 대표 주자는 게임과 미디어 산업이다. 특
히 게임은 인류 문명과 함께 진화해 왔으며 그 자체로 쾌락적 즐거움과
몰입감을 제공한다. 그러나 지속적이지 않은 쾌락적 즐거움의 특성상
더 큰 즐거움, 혹은 새로움과 몰입감을 느끼기 위해 인류는 다양한 형태
로 게임을 진화시켜 왔다.

그 결과 문명의 가장 첨예한 기술이 녹아들어 있는 것도 게임이다.
가상 현실(VR), 증강 현실(AR)과 같이 가상을 실제와 접목하는 기술이

그림 12. 사용자 취향에 따라 콘텐츠를 큐레이션하는 넷플릭스의 랜덤 재생.

가장 먼저 적용되고 대중화되었던 산업 역시 게임이었다. 증강 현실이라 는 말을 몰라도 대중은 '포켓몬 고(Pokemon GO)' 게임을 통해 AR 기술 을 충분히 즐길 수 있었으며, VR 또한 롤러코스터 체험 게임처럼 가장 새로운 경험을 줄 수 있는 형태로 대중의 삶에 스며들었다. 이처럼 어떻 게 하면 인류에게 더욱더 몰입감 있는 경험을 제공해 지속성을 가질 수 있을지를 끊임없이 고민하는 게임 산업은 그 자체로 과학 기술 발전의 산물이자, 새로운 발전을 끌어낼 수 있는 동기로 작동하고 있다.

　미디어 산업에서 주로 사용되는 '추천 서비스' 또한 즐거움을 극대화 해 개개인의 미디어 소비를 더욱 촉진하는 요소 중 하나이다. 미디어는 소비하는 자체만으로 개인에게 즐거움을 주지만, 자신의 취향과 이력에 맞는 콘텐츠를 찾는 여정은 그 즐거움을 반감시키는 지루함의 원인이 될 수 있다. 그러나 유튜브, 넷플릭스와 같은 최근 미디어 서비스는 고객의 시청 이력과 현재 트렌드(trend) 등 다양한 데이터를 활용해 소비자가 원하는 콘텐츠를 끊임없이 제공한다. 이를 통해 소비자가 지루한 과정 없이 콘텐츠 소비에 몰입할 수 있게 해 주는 것이다. 이러한 과정을 통해 사용자는 더욱 극대화된 즐거움, 쾌락적 즐거움을 경험할 수 있다.

2. 사이버 물리 공간을 활용한 산업별 발전 현황

산업의 변화, 그리고 '즐거움'

산업은 어떻게 성장할까? 산업의 역사에는 급속하게 성장하는 성장 산업 이면에 정체하거나 사라진 다양한 사양 산업이 존재한다. 기술 혁신에 따른 사회 조직의 변화는 '산업 혁명(industrial revolution)'으로 명명되며 다양한 산업의 변화를 이끌었다.

증기 기관 기반이었던 1차 산업 혁명은 '인간의 노동력을 요구하던 분야를 기계가 대체하며 섬유 제조업과 제철 공업에서 일어난 비약적인 성장'으로 요약할 수 있다. 2차 산업 혁명은 전기 에너지 기반의 대량 생산 혁명으로, 기계와 산업의 과학화에 따른 변화이다. 1차 산업 혁명과 달리 중화학 공업, 석유와 전기, 내연 기관 등 다양한 분야가 발전하며 생산성의 급격한 향상을 가능케 했으며, 제조업 전반의 성장을 견인했다. 20세기 중반 컴퓨터, 인공 위성, 인터넷의 발명으로 촉진된 3차 산업 혁명은 새로운 정보 공유 방식의 등장을 의미하는 지식 정보 혁명이다. 제조업에서는 전자 기술 및 IT를 활용한 공장 자동화로의 변천 과정이

며, 하드웨어보다는 소프트웨어가 주목받기 시작하며 신산업의 등장을
이끌었다.

이제 세계는 또 한 번의 대전환을 앞두고 있다. 2016년, 클라우스 슈
바브(Klaus Schwab)는 스위스 다보스에서 열린 세계 경제 포럼(World
Economic Forum, WEF)에서 인류의 네 번째 산업 혁명을 언급했다. 4차
산업 혁명은 단순히 기기와 시스템을 연결하는 데 그치지 않고, 모든 기
술이 융합해 물리, 디지털, 생물 영역이 상호 교류하는 것을 의미한다.
인공 지능과 기계 학습의 발달로 인한 산업의 변화는 미래의 일이기에
그 범위가 불분명하지만, 그 끝에는 사이버 세상과 물리적인 세상의 경
계가 모호해지는 시대가 있다. 생물과 무생물의 상호 작용이 가능한 '사
이버 물리 공간' 내에서의 생활이 일상화되는 것이다.

이러한 역사의 흐름에서, 산업은 끊임없이 생겨나고 사라지고 재편
된다. 떠오르는 유망 산업이 있는 반면, 사업 규모가 축소되고 일자리가
사라질 상황에 놓인 산업도 다수 존재한다. 인터넷에는 4차 산업 시대
에 사라질 직업에 대한 글과 영상이 쏟아지고 있다. 디지털화로 인한 자
동화, 인공 지능 도입은 일자리 감소를 가속한다. 산업별로 AI 상용화에
따라 일자리 감소 시기에 편차가 발생할 수 있지만, 전 산업에 AI가 적
용되는 것이 그리 먼 미래는 아닐 것으로 보인다.[3]

새로운 패러다임 아래서 산업 구조의 전환은 필수적이다. 앨빈 토
플러(Alvin Toffler)가 제3의 물결을 부르짖은 이후 제4의 물결 후보군
은 꽤 다양하게 예측·언급되고 있다. 우선 앨빈 토플러 본인은 생명 공
학과 우주 공학을 거론했다. 하지만 강력한 후보군은 아주 먼 미래가 아

닌, 비교적 현실적인 기술들로 압축된다. 그렇다면 기술 진보는 어떻게 기존 산업의 변화를 이끌 것인가? 현대 산업은 더는 생산성의 향상을 목표로 하지 않는다. 생산되고 버려지는 잉여 제품이 넘쳐나는 시대에서 빠르고 많은 생산이 갖는 가치는 빛을 잃고 있다. 산업 성장을 위해서는 또 다른 부가 가치의 창출이 필요하다는 의미이다. 이 책에서는 산업에서 창출될 대표적 부가 가치이자, 4차 산업 혁명의 변화를 관통하는 키워드를 '즐거움'으로 정의한다.

1996년 포항 공과 대학교를 해킹해 유명 인사가 되고, 이후 창업가로 변신해 수많은 스타트업 성공 사례를 만든 노정석 비팩토리 대표는 한 인터뷰에서 "AI 시대에는 엔터테인먼트 말고 남을 게 있을까?"라는 질문을 던진다. 이 질문의 바탕에는 '인간은 학습을 통해서 얻은 모형으로 일을 하는데, 학습에 들어가는 노력이 매우 크다. 그러나 기계는 학습 속도가 인간과 비교할 수 없이 빠르기에 정제된 형태의 학습이 끝난 모형이 탑재될 수 있다.'라는 견해가 녹아 있다. 먼 미래, 학습의 개념이 달라진 시대에서 인간이 만들고 운영해 온 다양한 산업은 모두 기계로 대체되고 인간에게는 즐거움을 목적으로 하는 산업만이 남을지도 모른다. 그러나 조금 가까운 미래에 대해서도 우리는 질문을 던질 수 있을 것이다. 즐거움을 목적으로 하지 않는 산업에도 즐거움의 가치가 더해진다면 어떨까?

즐거움이 더해지는 산업

소비자의 눈으로 생각해 보자. 우리는 어떤 제품, 어떤 서비스를 구매할까? 더 저렴하거나, 더 품질이 좋은 것임이 당연하다. 수많은 산업, 제품과 서비스가 펼치는 전쟁에서 소비자에게 선택되는 것만이 살아남을 수 있다. 제품과 서비스의 본질에 있어 인간이 더는 인공 지능보다 저렴하고 품질이 좋은 무언가를 만들어 낼 수 없다면, 인간은 어디로 눈을 돌려야 할까? 산업의 본질에서 시야를 넓혀 소비자가 추구하는 가치를 함께 판매해야 하는 것이 아닐까? 인공 지능과 공존해야만 하는 환경 속에서, AI를 활용하는 방안을 고민하는 것은 인간의 몫일 것이다. 즐거움을 추구하는 우리 인간이 즐겁지 않은 것들을 선택할 수 있도록, 상상만으로도 즐겁지 않은 세 가지 산업에 대해 이야기해 보려 한다.

교육 산업 세상만사를 다 귀찮아하는 아이라도 게임을 할 때는 이보다 더 적극적일 수가 없다. 게임이 자극적이고 재미있어서일까? 왜 공부는 재미가 없는데 게임은 재미가 있는 것일까? 공부를 게임처럼 할 수는 없을까?

최근 학부모들 사이에서 '육아의 신'으로 받들어지고 있는 오은영 박사는 공부의 실패 원인을 아이들의 패배감에서 찾는다. 공부는 마음대로 되지 않고, 해도 안 될 것 같으며, 심지어 실제로도 원하는 만큼의 성적을 내지 못할 때가 많다. '이렇게 해도 어차피 서울대 갈 수 있는 것도 아닌데 뭐.'라는 식이다. 부모가 요구하는 조건은 이미 너무 높은 수준이기에, 열심히 한다는 것 자체만으로는 만족이 어려운 것이다. 이에 반해 게임은 하면 할수록 늘어 가는 실력이 눈에 보이고, 오래 앉아만 있으면 레벨이 오르니 성취감도 느낀다. 내가 어디까지 갈 수 있는지를 알아보는 것도 즐거움의 요소 중 하나이다.

게임에는 MMR이라는 것이 있다. 매치메이킹 레이팅(matchmaking rating)의 줄임말로, 대전 상대를 정하는 기준이 되는 점수를 말한다. 둘 이상의 게이머가 서로 대결하는 게임에서 매치메이킹이 상대의 수준과 관계없이 이루어질 경우, 상대적으로 실력이 부족한 게이머들은 숙련자에게 일방적으로 학살당하게 된다. 때문에 게임에 재미를 느끼지 못해 결국 게임을 그만두게 되는 수순을 밟기도 한다. 따라서 이를 막기 위해 플레이어의 실력을 측정할 시스템을 구축해 매치메이킹의 기준 점수를 매기고, 그 점수가 비슷한 게이머를 게임에 배치해 대등한 실력끼리 대결할 수 있도록 한다.

공부도 마찬가지이다. 특별한 문제가 없는데도 학업 성취도가 낮은 아이들은 다른 아이들과 비교만 하면서 자신감이 떨어질 수 있기에, 아이가 학습할 수 있는 수준으로 단계를 낮추어 그 수준에서 성취감과 자신감을 느끼게 해 주어야 한다. 이 문장을 읽는 순간 많은 학부모의 반응을 쉽게 예상할 수 있다. "말이 쉽지, 그걸 어떻게 알아?" 맞는 말이다. 아이의 학업 성취도를 일일이 케어할 수 있는 부모가 얼마나 될 것이며, 그럴 능력이 있더라도 시간이 없는 경우가 대부분일 것이다. 모든 과목에서 비싼 개인 교습을 시킬 수도 없는 노릇이다. 이것이 바로 교육에 인공 지능이 접목되어야 할 이유이다. 인공 지능 알고리듬을 활용하면 개인별 맞춤형 학습을 실현할 수 있기 때문이다.

아이헤이트플라잉버그스 사의 '밀당영어'는 AI를 활용한 온라인 교육이다. AI는 학습 진도를 확인하고, 학습자의 패턴 데이터를 분석해 오답의 이유를 파악하며, 개인의 망각 곡선을 측정해 반복 학습을 제공한다. 개인의 지식 수준 및 특징을 학습한 AI가 학습자의 능력에 맞는 개별 학습을 가능케 한다.

　물론 맞춤형 학습만으로 모든 문제가 해결되는 것은 아니다. 현실적으로, 부모는 아이들을 책상 앞에 앉히기 위해 100만 가지의 아이디어를 짜낸다. 가장 쉬운 방법은 아이의 눈앞에서 당근을 흔드는 것이다. "수학 90점 넘으면 엄마가 운동화 사 줄게", "반에서 10등 안에 들면 아빠가 새 휴대 전화 사 줄게." 가시적인 보상의 여부가 학습 지속 의도에 지대한 영향을 미치는 것은 자명한 사실이다. 이러한 지점에서, 교육과 AI의 결합은 긍정적인 대안이 될 수 있다. AI를 활용한 공부의 게임화(gamification)는 랭킹 및 리워드 시스템을 활용함으로써 지속적 동기부여를 가능케 한다.

　㈜아이디자인랩의 펀픽(fun:PIK)은 "AI와 함께 Fun하게 TOPIK 학습을 하다!"라는 슬로건으로 한국어 능력 검정 시험(TOPIK)을 준비하는 외국인을 대상으로 한 솔루션이다. 한국의 전통미를 보여 주는 아바타 꾸미기 기능을 통해 재미를 높였고, AI 캐릭터 챗봇인 '이도(I-DO)'가 학습 가이딩을 해 주며, 단어 게임을 성공적으로 수행하게 되면 한국 역사 속 문화 유산을 비롯해 지역 특산물 및 랜드마크 등을 획득하는 방식을 통해 수집의 즐거움을 제공한다.[4]

　이제 교육은 더는 학교와 학원의 전유물이 아니다. AR, VR, IoT 등 기술의 발달은 교실의 경계를 허물고 교육 사각지대에까지 교육 현장의 확장을 가능케 한다. 개별화 학습 및 맞춤형 교육의 시대에서 학생들의 학습 성과는 전반적으로 향상될 수 있으며 사교육 의존도 또한 낮아질 것이다. 이는 특히 코로나19와 원격 수업으로 심해진 교육 격차를 완화할 하나의 방안으로, 이미 학습에서 소외된 학생들을 다시 교육 현장으로 불러오는 사다리 역할을 할 수 있으리라 기대해 본다.

교통 산업 '교통' 뒤에 붙을 수 있는 단어를 하나 떠올려 보자. 상황, 법규, 정리, 혼잡, 정체. 대부분 그다지 기분 좋은 말은 아닐 것이다. 교통은 늘 짜증의 대상이다. 꽉 막힌 도로는 명절마다 스트레스 지수가 폭발하는 이유이자, KTX와 SRT 예매 사이트에 10초만 늦게 들어가도 몇만 명 뒤에서 대기하는 신세가 되게 하는 원인이다. 이는 비단 우리나라의 문제만은 아니다. 수년 동안 전 세계 많은 도시에서 교통 체증은 악화 일로를 걷고 있고, 특히 인구 밀도가 높은 아시아 지역의 경우 그 상황이 심각한 수준이다. 인도의 수도인 뉴델리의 운전자는 교통 혼잡으로 세계 다른 도시에 비해 길에서 58퍼센트 더 많은 시간을 보낸다고 한다.

그렇다면 교통에서 즐거움을 찾기란 간단하다. 뻥 뚫린 도로, 눈 앞에 펼쳐지는 초록색 신호등의 향연, 아슬아슬하게 신호의 꼬리잡기만 성공해도 차 안에는 콧노래가 가득할 수 있다. 야호! 이렇게나 단순한 즐거움의 메커니즘 덕분에, 교통 관리를 위한 다양한 노력은 현재 진행형이다. 매년 천문학적 규모의 예산과 함께 도로, 교량, 지하도가 신설되며 대중 교통 시스템도 크고 작은 변화를 거치며 개선되었다. 그럼에도 여전히 공장에서는 새로운 디자인의 차가 쏟아지고, 우리는 홀린 듯이 계약서에 사인을 휘갈기며, 도로에는 차가 문전성시를 이루고, 이를 관리하는 것은 점점 더 어려워지고 있다.

인공 지능은 이렇듯 꽉 막힌 상황에 그럴듯한 대안을 제시한다. '지

그림 13. 스마트 교차로에서 AI 알고리듬을 적용해 차량을 검지하는 모습.

능적인' 시스템은 일상적으로 도시 교통을 마비시키는 병목 현상과 막힘 현상을 완화해 도시 교통을 개선할 수 있다. 2019년, 진주시는 'AI 기반 실시간 다중 교차로 교통 신호 제어 시스템'을 실증 사업으로 추진한 바 있다. 이는 관내 300개 교통 신호 제어기를 무선망으로 연결하는 시스템으로, 교차로 정보를 실시간으로 모아 AI로 분석한다. 이 시스템은 교차로 정보를 이후 진주시 전역의 교통 데이터와 한 차례 더 비교 분석한 후 온라인 시스템과 연동, 시가지 교통 신호를 다중 제어한다. 2021년, 진주시는 이 AI 제어 시스템으로 상습 정체 구간 중 한 곳인 내동교차로의 교통 정체 문제를 대폭 개선하는 것에 성공했다. 도로교통공단의 효과 분석 자료에 따르면 해당 구간 내 평균 통행 속도가 시속 24.3킬로미터에서 51.1킬로미터로 약 110퍼센트 향상되었으며, 지체 시간 및 정지율에서도 50퍼센트 이상의 효과를 거둔 것으로 나타났다. 교통 정보 데이터를 통해 교통 신호 주기와 교차로별 연동 시간을 최적화한 것이다. 현장에서 개별 운영하던 신호등은 이제 교통 신호 제어기를 통해 시청 도시 관제 센터에서 모니터링 및 원격 제어되고 있다.[5] 이 외에도 교통 빅 데이터 센터, 교통 신호 온라인 제어 시스템, 도심지 감응 신호 시스템 구축 등의 사업을 바탕으로 지능형 교통 체계(inteligent transport system, ITS)가 도입되면 스마트 도시에 한 발짝 다가갈 수 있다.

빅 데이터 교통 정보 수집 · 분석 기반 신호 제어를 도입하고, 개별 교차로의 AI 분석 감응식 교통 신호를 구현함으로써 긴급 차량 우선 신호 운영 등이 가능해지면 교통은 이제 더는 운전자들의 심혈관 건강을 위협하지 않을 것이다.

의료 산업 '한의원이 망하지 않는 이유'라는 제목으로 인터넷 커뮤니티에 회자되는 글이 하나 있다. 한의사는 환자의 말을 무시하지 않고 친절하게 들어 줘서 좋아하는 사람이 많다는 내용이다. 젊은 사람에 비해 증상을 빠르고 명쾌하게 설명하지 못하는 노인의 사정을 고려하면 한의원이 늘 어르신들로 붐비는 이유를 이해할 수 있다는 것이다. 물론 신뢰성 있는 가설은 아니지만, 많은 사람의 공감을 얻은 것만은 사실이다.

이른바 '3분 진료'로 대표되는 대한민국 의료계의 짧은 진료 시간은 기형적이지만, 국내 의료 산업을 굴러가게 하는 균형추이기도 하기에 변화가 쉽지 않다. 환자들은 이 시간을 어떻게 해야 알차게 쓸지 고민하고, 진료 시간을 효율적으로 사용하기 위한 다양한 팁도 존재한다. '메모해 가라', '숫자로 대답하라', '통증의 양상을 자세히 말해라', '집에서 혈압·혈당 수치를 기록해 가져가라', '생활 습관을 숨기지 말아라', '치료 경력을 알려라', '검사·진단·처방 기록을 갖고 가라', '소견서를 챙겨 가라', '주치의의 권고를 잘 들어라', '자신의 병을 공부해라.'[6] 아픈 것도 서러운데 환자가 신경 써야 할 것들이 너무나 많다.

분석 솔루션 기업 SAS(Statistical Analysis System Institute)에서 미국인 500명을 대상으로 한 조사 결과에 따르면, 소비자는 금융이나 소매 분야보다 의료 산업의 AI 기술을 더욱 편안하게 여기는 것으로 나타났다. 특히 절반 이상의 의사(60퍼센트)가 애플워치, 핏비트와 같은 웨어러블 기기의 데이터를 사용해 생활 방식을 평가하고 조언하는 것에 대해 편안하게 생각한다고 응답했는데, 이는 향후 진료의 효율화를 위해 나아가야 할 방향을 제시한다.

의료 분야의 AI는 궁극적으로는 개인의 건강에 대한 종합 솔루션을 제공하는 형태로 진화할 것으로 예상된다. 국내 의료 AI 기업 중 가장 먼저 코스닥 상장사가 된 제이엘케이는 ① 의료 데이터 지속 관리와 업데이트를 돕는 '헬로데이터' ② AI 의료 분석 API를 공유하는 'AIHuB' ③ 원격 의료 서비스가 가능한 개인 중심 헬스 플랫폼 '헬로헬스' 등의 의료 AI 플랫폼을 구축한 바 있다.[7] AI 솔루션이 활성화된다면, 질병에 대해 초기 징후부터 향후 진행 방향까지 전주기적인 분석이 가능할 것이다.

그뿐만 아니라, 의료 분야의 AI를 통한 패러다임 전환은 더 근본적인 부분에서도 진행 중이다. 의사 대면 진료의 효율화를 넘어, 전문의를

대체 가능한 AI로의 변화가 일어나고 있는 것이다. 대표적으로 영상의
학과의 AI 활용은 이미 태동기를 지난 것으로 보인다. 의료진의 진단 행
위를 보조하는 소프트웨어 스타트업이 잇따라 탄생하고 있다는 점에
서 그러하다. 2013년 설립된 루닛 사는 딥 러닝 기반의 인공 지능 기술
을 이용해 엑스선 영상을 분석하고, 이를 바탕으로 폐결핵, 폐암, 유방
암 등 의사의 전문 진단을 보조해 주는 '루닛 인사이트(Lunit INSIGHT)'
소프트웨어를 개발해 공급한다. 2014년 설립된 뷰노 사는 딥 러닝을 기
반으로 안저 영상을 판독해 망막 질환 진단에 필요한 병변의 위치를 제
시해 주는 '뷰노 메드 펀더스 AI', 환자의 심박, 체온 등 생체 신호를 분석
해 심정지 발생 위험을 예측하는 '뷰노 메드 딥카스' 등의 솔루션을 제공
한다.[8] 이렇듯 엑스선(X-ray), 컴퓨터 단층 촬영(computed tomography,
CT), 자기 공명 영상(magnetic resonance imaging, MRI) 등 영상 의학 데
이터의 분석에서는 이미 AI가 질병 진단을 하는 수준이며, 향후 조직 세
포 슬라이드와 같은 병리과 데이터에서도 AI 영상 분석 기술이 적용될
예정이다.

향후에는 질병 진단뿐만 아니라, 질병 예측, 개인 맞춤형 치료에 이
르기까지 AI 솔루션이 적용될 수 있으며, 이를 통해 병원과 환자 모두
혜택을 누릴 수 있다. 특히 AI는 개인 맞춤형 치료에 강점을 가지기에,
개인별로 증상이 다른 경우에 적절히 활용되고 있다. 헬스 케어 데이터
플랫폼 기업 룩시드랩스의 인지 기능 평가 및 훈련 시스템 '루시(Lucy)'
는 치매의 초기 증상인 경도 인지 장애 위험의 조기 발견이 가능하다.
VR 게임 형태의 콘텐츠를 통해 검사를 진행하다 보면 뇌파와 안구 운동

흉부 엑스선 판독 정확도

흉부 엑스선 판독 시간

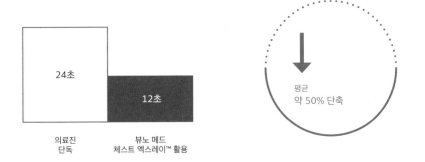

그림 14. 뷰노 메드 체스트 엑스레이™ 영상 의학 연구 결과.

같은 신경생리학적 반응이 포착돼 기억력과 주의력, 공간 지각력 등 지적 영역에서의 인지 역량 평가가 이루어지는 식이다. 기기로 수집된 시선 및 뇌파 데이터는 클라우드로 전송해 실시간으로 분석된다.[9] 로완의 '슈퍼브레인'은 경도 인지 장애를 겪는 환자의 뇌 학습을 돕는 앱 형태의 디지털 프로그램이다. AI가 파악한 인지 능력을 바탕으로 다양한 인지 기능 개선 프로그램을 포함해, 환자별 맞춤형 치료 프로그램이 제공된다.[10] 브레싱스의 불로(BULO)는 폐활량과 폐 나이, 폐 근력 등의 상태를 확인할 수 있는 폐 건강 측정기이다. 사용자와 비슷한 나이·키·몸무게를 가진 사람들에게서 얻은 빅 데이터와 호흡량, 압력 등의 측정값을 비교해 폐 건강 상태를 유추하고 맞춤형 호흡 운동 가이드를 제공한다.[11] 디바이스를 통해 측정해 수집된 데이터들은 다시 빅 데이터 기술을 기반으로 분석되고 개선된다. 이렇듯 개인화된 의료 기기의 경우 스마트 패드나 스마트폰을 이용해 병원에 가지 않더라도 매일 개인별 치료가 가능하다는 점에서 의료 서비스의 범위를 확장하고 있다.

즐거움이 극대화되는 산업

산업의 성공은 목적한 바를 얼마나 잘 이루는가에 달려 있다. 즉 즐거움을 목적으로 하는 산업은 사용자나 소비자의 즐거움을 얼마나 극대화했는지가 그 성패를 좌우한다. 여기서 즐거움이란 문자 그대로의 의미와 같이 앞서 언급한 유희적 혹은 쾌락적 즐거움에 해당한다. 그렇다면 즐거움은 어디에서 오는가? 세세하게 들여다보면 산업에서 생산해 내는 즐거움의 형태는 각기 다른 형태를 가지고 있다. 더 많은, 더 나은 즐거움을 제공하기 위해 각 산업이 현재 어떠한 변화를 겪고 있는지 알아보자.

미디어 산업 미디어 콘텐츠 소비자의 눈으로 생각해 보자. 우리는 왜 콘텐츠를 소비할까? 재미있으니까! '재미'라는 표현에서 물론 예능적인 즐거움을 먼저 떠올릴 수 있지만, 이를 차분히 들여다보면 훨씬 다양하고 복잡한 재미의 영역이 존재한다. 새로운 정보 습득의 즐거움부터 더 고차원적인 예술적 즐거움, 혹은 단순히 시간 죽이기에서 오는 만족감의 영역까지, 거창하게 '마음의 양식'까지는 가지 않더라도 정서적 포만감을 얻을 수 있기에 우리는 콘텐츠를 소비한다. 그렇다면 즐거움의 극대화라는 측면에서 이야기할 때, 어떠한 방향으로 산업은 발전하게 될까? 그 변화의 첫걸음으로는 더 개인화된 콘텐츠의 제공이 있다. 소비자가 OTT(over the top) 서비스 영상 목록에서 한없이 방황하지 않도록, 더 나은 만족감을 주는 콘텐츠를 소비할 수 있게 돕는 것이다.

미디어 및 엔터테인먼트 기업은 시장 경쟁에서 살아남기 위해 그 어느 때보다 스마트한 아이디어를 필요로 한다. 엔터프라이즈 AI 플랫폼은 빠르게 변화하는 세상에서 미디어 기업을 새로운 차원으로 이끄는 문을 열어 준다.

현재 미디어 산업에서는 인공 지능이 추천 엔진의 대명사처럼 사용된다. 추천 엔진이란 고객이 어떤 종류의 정보 또는 콘텐츠에 관심을 가질지 예측하고 관련 콘텐츠를 제안해 주는 형태를 말한다. 개인의 데이터와 기계 학습이 합작하면 기업은 개별적으로 콘텐츠를 매칭하는 것이 가능하며, 추천 및 노출의 효율성을 향상시킬 수 있다. 이를 확장하면, 현 미디어 트렌드와 개인 행동에 관련한 다양한 소스의 데이터를 기반으로 예측이 행해지는 형태가 된다. 이러한 예측 모델링은 미디어 및 엔터테인먼트 회사가 실시간으로 소비자에게 반응할 수 있도록 해 주며, 소비자 분류와 같이 장기 투자에 영향을 미치는 특성을 파악할 수도 있다.

그러나 인공 지능 알고리듬의 성능 발전에 추천 및 예측의 정확도 향상만을 기대한다면 사업가적으로는 안일한 생각일 가능성이 높다. 미디어 산업에서의 AI는 단순한 '추천봇'에 그치지 않고 그다음 형태로의 도약을 준비하고 있기 때문이다. 넷플릭스와 같은 선도적인 기술 미디어 플레이어가 점점 더 AI 기반 대화형 및 스마트 콘텐츠에 도전하면서, 인공 지능은 단순한 콘텐츠 추천 시스템에서 전체적으로 개인화된 콘텐츠 경험으로의 전환을 이끌고 있다.

쇼핑, 광고 산업 "쇼핑은 즐겁다." 이 단순한 명제에 대해서는 찬반 논란이 거셀 것으로 생각된다. 백화점을 백 바퀴 돌 기세의 아내와 그 옆에서 서서히 영혼이 빠져나가고 있는 남편은 동서고금을 넘어 전해져 온 밈(meme)이다. 근래에는 쇼핑의 주체에 따라 아내와 남편의 관계성만이 달라졌을 뿐, 여전히 누군가에게는 쇼핑이 즐거움이며 누군가에게는 고통의 시간을 주는 대상으로 남아 있다.

쇼핑이 왜 괴로운가에 대해 생각해 보자. 걷기가 힘들어서? 살 것도 아닌데 구경만 해서? 이미 본 물건을 또 봐야 해서? 이 모든 이유를 아우르는 대답은 '관심이 없어서'이다. 백화점 여성복 매장에서 소위 '멘탈 붕괴'를 일으키던 남성이 드론 매장에서는 아이처럼 신이 나서 나올 생

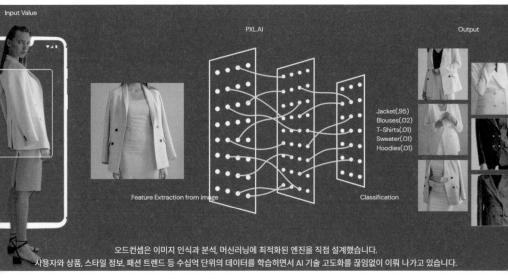

그림 15. 시각 기반 AI 서비스 '픽셀'.

각을 하지 않는다. 본인이 관심 있는 분야라면 서울에서 부산까지 가는 일도 힘들지 않고, 사지도 않을 제품을 보고만 있어도 기분이 좋아지며, 구매 결정에 이르기까지 아주 사소한 차이점을 나열해 가며 수십 번 장고하기도 한다. 우리는 "쇼핑은 즐겁다."라는 명제를 다음과 같이 고칠 수 있다. "내가 관심 있는 분야의 쇼핑은 즐겁다."

그렇다면 쇼핑에 즐거움을 더하는 방법은 간단하다. 관심 있는 분야의 제품만 눈 앞에 펼쳐지면 된다. 이것은 현재 기계 학습 기반 인터넷 광고의 기본 개념이다. 여행용 가방 하나 검색했을 뿐인데, 각종 캐리어와 가방 광고, 심지어 호텔 추천 사이트 광고가 눈앞에 등장한다. 빅 브라더에게 추적당하고 있다는 우스갯소리의 대상이 되면서도 사람들에게 구매를 유도하는 이러한 기술이, 더욱 긍정적인 측면으로 활용될 수 있다면 어떨까?

2013년 서울 대학교의 벤처 창업 경진 대회에서 등장한 플랫폼 '오늘의 집'은 현재 인테리어에 관심 있는 사람들의 집결지가 되어 있다. 오늘의 집 회사 소개에 적혀 있는 '탐색, 발견, 구매까지. 인테리어의 모든 과정을 한곳에서 경험할 수 있도록 돕습니다.'라는 문장은 마치 '네가 뭘 좋아할지 몰라서 모든 관심사를 이곳에 모두 모아 놨어.'와 같은 말이 아닐까. 여기에 한 가지가 더해진다면? 나는 등받이가 동그란 의자를 고르고 싶은데, '의자'로 검색하면 등받이가 각진 의자와 동그란 의자가 섞여 나오게 마련이다. 과거 '의자'라는 단어를 걸러내는 수준에 그치던 AI는 이제 모양까지 식별해 고객이 구매하고자 하는 의자의 형태만을 추려서 제시해 주는 단계로 나아가고 있다.

이와 같은 시각 기반의 쇼핑 코디네이팅은 백화점의 VIP 서비스, 미술관의 큐레이터, 결혼 정보 업체의 웨딩 플래너, 패션 업계의 스타일리스트처럼 원래는 전문가의 감성과 경험의 분야였다. 이제는 AI 기술이 감성까지 통계로 치환하는 영역까지 발전, 업계에서 성과를 거두고 있다. 컴퓨터 비전 AI 기업 오드컨셉이 패션 기업에 제공한 AI 솔루션은 온라인 쇼핑몰에 유입된 트래픽 안에서 6배 이상의 구매 전환율 상승을 이끌었다. 오드컨셉의 시각 기반 AI 서비스 '픽셀(PXL)'은 수많은 온라인 매장 속 패션 상품 중 사용자가 원하는 스타일을 찾아 준다. AI는 색상, 패턴, 옷의 길이 등 상품의 속성과 '부드럽다', '사랑스럽다'와 같은 주관적인 사람의 평가를 모두 분석한다. 사용자가 구매를 고려하는 옷에 맞는 옷을 함께 추천하는 스타일링 제안을 하기도 한다. 특정 면바지를 보고 있는 사용자에게 어울리는 니트, 가방, 신발을 함께 추천해 구매를 독려하는 식이다. 이는 이미지 인식 및 자연어 처리 등의 AI 기술이 고도화되며 가능해진 일이다. 사용자의 탐색 부담은 줄고, 원하는 옷 중에서 선택하는 즐거움만 남는다.

그럼에도 오프라인(off-line) 쇼핑몰이 붐비는 이유는 '그래도 직접 입어 보고 사야지.'라고 생각하는 사람이 여전히 많기 때문이다. AR 가상 피팅 기업인 블루프린트랩은 3차원 안면·사물 인식 기반의 가상 착용 서비스를 제공한다. 사용자가 스마트폰으로 얼굴을 스캔하면 3D 안면 데이터를 기반으로 사용자에게 어울리는 안경과 선글라스를 추천하고, 실제로 착용한 모습은 AR로 볼 수 있다. 장신구의 경우에도 착용한 모습을 확인한 후 구매하는 것이 가능하다.

쇼핑 과정에서의 즐거움 외에도 구매 행위와 관련해 소비자의 편의를 극대화하는 서비스가 다수 등장하고 있다. 코리아센터는 온라인 매장 상품 진열 자동화에 AI를 사용하고 있으며, 쿠팡은 물류의 이동에 AI를 활용해 유기적인 배송시스템을 구축했다. 결제와 관련해서도 인스타페이의 QR 바코드 결제 서비스, 인터마인즈의 AI 및 이미지 인식 셀프 체크아웃 계산대, 코리아세븐의 핸드페이 및 AI 챗봇 등이 쉬운 쇼핑을 돕는다. 궁극적으로는 누구나 맞춤형 쇼핑 도우미, 퍼스널 쇼퍼(personal shopper)와 함께하는 형태의 쇼핑이 가능할 것이다. 비대면 서비스의 활성화로 온라인 시장 규모가 점차 확대되는 상황에서 AI는 이렇듯 다양한 방법으로 온·오프라인 쇼핑에 즐거움을 더해 줄 것이다.

게임 산업 게임은 즐겁다. 앞서 다룬 다른 산업에서 찾아내던 자그마한 즐거움과 달리, 애초에 사용자에게 즐거움을 제공하고자 하는 목적으로 만들어진 서비스가 게임이다. 미래 사회의 키워드가 즐거움이라면, 게임 산업은 단연코 가장 폭발적으로 성장할 산업임을 유추할 수 있다. 그럼에도 우리는 현재의 대한민국 대표 게임 기업인 넥슨, NC소프트, 넷마블 등에 선뜻 투자하기를 꺼린다. 현재의 게임이 미래에도 여전히 재미있으리라는 확신이 없기 때문이다. 사람들은 늘 새로운 재미를 추구하고, 게임 또한 이에 맞추어 진화해 왔다.

과거 문구점 앞의 게임기에서 '스페이스 인베이더', '갤러그', '테트리스' 등의 게임을 즐기던 세대가 있었다. 소위 전자 오락이라고 불리던 비디오 게임은 이어 '슈퍼 마리오', '젤다의 전설'과 같은 콘솔형 게임의 인기로 이어졌다. 이후 게임은 PC로 넘어와 한국인의 민속놀이라는 우스갯소리로 자리 잡은 '스타크래프트'로 진화했고, '리그 오브 레전드(League of Legends, LOL)'와 같은 몇몇 게임은 스포츠의 반열에 올랐다. 현재에는 대형 플랫폼의 투자와 함께 또 한 차례 진화의 과정을 거쳐 모바일 게임이 게임 시장의 가장 큰 파이를 차지하고 있다.

게임기나 PC의 네모난 화면을 빨려 들어갈 듯 들여다보던 형태의 게임은 이제 스마트폰을 비롯한 각종 스마트 기기를 활용한 3차원 공간으로 확장되고 있다. 게임 도구로 단순히 키보드나 마우스만 사용하는 것이 아니라, 다양한 동작 감지 센서를 활용해 가상 공간 내에서 실제 상황인 것처럼 체험할 수 있기 때문이다. 몰입감을 높여 줄 글라스, 상하좌우에 배치된 여러 개의 스크린은 동작 감지 센서, 조이스틱 등의 도구와 연동되어 게이머의 3차원적 움직임을 가능케 한다. 나아가 사람의 시각과 청각에 국한되지 않고 오감에 도전하고 있다는 점 또한 게임의 새로운 진화를 기대하게 한다.

게임 산업은 즐거움을 제공한다는 측면에서 미래에 살아남을 가장 안전한 산업임과 동시에 기존의 산업 구성원이 가장 긴장해야 할 산업이기도 하다. 앞서 말했듯 즐거움과는 일절 상관없을 것 같은 산업들마저도 게임의 형태를 따라가며 즐거움을 더하고 있기 때문이다. 다만 사람들에게 즐거움을 제공하는 일은 그렇게 단순하지만은 않다. 억지 웃음을 짜내는 개그 프로그램이 폐지되고 재미없다는 평을 받는 게임이 무수히 쏟아져 나오듯이, 산업이 살아남기 위해서 추구해야 할 본질적 가치뿐만 아니라 이를 얻을 방안에 대해서도 고민할 필요가 있을 것이다.

3. 사이버 물리 공간을 활용한 산업 발전 방향

즐거움의 가치: 게임화되거나, 도태되거나

어떤 한 시점의 특징을 설명하는 단어로 '트렌드'가 있다. '유행'과 같은 의미로 쓰이는 이 단어는 한 사회의 어느 시점에서 특정 생각, 표현 방식, 제품 등이 그 사회에 침투, 확산해 나가는 과정에 있는 상태를 나타낸다. 예를 들어 문화적 콘텐츠인 영화나 예능 프로그램 등이 인기를 끌면서 하나의 트렌드를 만들기도 하고, 패션 또한 어떤 시점을 설명할 수 있는 트렌드가 된다. '소확행(소소하지만 확실한 행복)'이나 '웰빙(well-being)'처럼 특정한 삶의 방식 또한 어떤 시점에 대중의 가치관을 반영하는 하나의 트렌드다.

트렌드는 끊임없이 변한다. 단기적인 트렌드는 짧으면 몇 주 정도, 길어야 몇 달을 넘기지 못한다. 트렌드가 끊임없이 변하는 까닭은 늘 새로운 것을 찾고자 하는 대중이 있기 때문이다. 그런데 단기가 아닌 장기 트렌드도 있다. 즉 오랫동안 시대 정신과 가치관을 반영하면서 사회 현상을 설명할 수 있는 트렌드를 말한다. 장기 트렌드 또한 언젠가는 변하고 설명력을 잃겠지만, 그 존재는 늘 새로운 것을 찾는 대중에게도 그들의 관심과 가치관을 지속적으로 대변하는 근본적인 특성이 있다는 증거가 아닐까.

대표적인 장기 트렌드 중 하나로 게임화가 있다. 게임화는 2000년대 초반 디지털 미디어 산업의 형성 시점에 처음 개념이 등장한 이후로 아직도 언급되는 시대적 현상이다. 게임화는 게임과는 다른데, 게임이 아닌 '게임의 메커니즘'이 타 분야에 적용되는 현상을 말한다. 게임의 메커니즘은 도전-경쟁-성취-보상이며, 이 과정이 마케팅, 쇼핑, 교육, 헬스, 의료 같은 다른 영역에 적용되는 것이다.

오래된 트렌드인 만큼 대중은 이미 게임화 현상에 익숙하다. 스타벅스에서 별을 모아서 커피 쿠폰을 보상으로 받고, 호텔 체인에서 숙박 일수를 늘려 회원 등급을 업그레이드하는 식이다. 공공 영역에서도 분리수거 휴지통을 활용할 때마다 별을 적립해 주거나, 계단을 피아노처럼 설계해 사용자가 엘리베이터가 아닌 계단을 사용하기를 꾀하기도 한다. 게임화를 통해 사람들의 관심을 유발하고 행동을 유도하는 것이다.

게임화는 어떻게 이렇게 오랫동안 산업계와 공공 영역을 아울러 모든 영역에서 살아남을 수 있었던 것일까? 게임은 기본적으로 사용자가 재미를 느끼고 몰입해 원하는 목표를 달성하게 한다. 기존에 지루하고 재미없게 느껴지던 것들에 '게임'이라는 검증된 즐거움의 요소를 추가함으로써 그것이 마치 흥미롭고 매력적인 것처럼 보이게 하는 것이다.

재미와 즐거움의 요소를 유발하는 게임의 메커니즘에 끌리는 것은 인간의 본능이다. 여기서 다시, 즐거움과 유희를 추구하는 인간의 본성, 놀이와 게임을 즐기는 인간의 본성을 나타내는 '호모 루덴스'를 상기해 보자. 재미와 몰입, 중독, 쾌감, 기쁨, 호기심 등의 감정은 특정 행위나 상황에 인간을 빠져들게 하고, 머무르게 한다. 즐거움을 본능적으로 쫓는 인간, 그리고 그런 인간의 특성을 가장 잘 반영한 현상 중 하나이기 때문에 게임화는 20년이 넘는 시간 동안 아직도 장기 트렌드로 존재할 수 있었던 것이 아닐까?

인공 지능을 기반으로 하는 사이버 물리 공간의 도래는 게임화가 산업의 모든 영역에 광범위하게 스며드는 현상을 더욱 가속화할 수 있다. 조금 과장해서 말하면, 먼 미래에는 게임화가 되지 않은 모든 산업 영역이 도태되는 수준으로 광범위한 사회 영역에서 게임화가 진행될 수 있다. 이는 산업의 발달 과정과 연계해서 생각해 볼 수 있는데, 만족스러운 경험이 소비 여부를 결정하는 시대, 경험 경제(experience-focused economy)와 게임화가 밀접한 관계를 갖기 때문이다.

경험적 가치: 소비와 공유

경험 경제와 소비 경험 경제라는 말이 등장한 시점은 이미 오래전이다. 경험 경제란, 소비를 제품의 효용을 느끼는 과정으로 여겼던 과거와는 달리 소비를 제품에 대한 총체적인 경험을 느끼는 과정으로 정의하는 것을 말한다. 산업이 발달하면서 상대적으로 기술력의 차이가 심했던 과거에는 제품의 품질을 장점으로 내세우는 마케팅이 효과적이었다. 그러나 경쟁 제품들이 기술적으로 큰 차이를 나타내지 않는 상황이 된 지금에는 소비자의 선택을 받기 위한 차별화 전략으로 경험을 제공하는 마케팅이 등장하기 시작했다.

마케팅을 위한 차별화된 전략의 하나로 제품에 경험을 담기 위한 노력이 경험 마케팅의 시작이었다면, 최근 경험적 가치가 더욱 중요해진 것은 소비자의 소비 기준 또한 변했기 때문이다. 현대의 소비자는 자신이 중요시하는 가치를 기준으로 소비한다. 단순한 기능이나 품질이 아니라 제품이 담고 있는 가치관, 제품에 대한 진정성, 삶을 풍요롭게 하는 재미 요소, 추억에 남을 수 있는 경험 등을 제공하는지 등 더욱 다양한 기준을 가지고 소비하는 것이다.

소비자의 다차원적인 기준을 충족시킬 수 있는 경험을 제공하는 일은 기업 입장에서 쉬운 문제가 아니다. 그러나 소비자에 대해 파악할 수 있는 데이터가 기하급수적으로 늘어나고, 이를 활용할 기술적 도구들이 개발됨에 따라 기업 또한 과거보다 소비자를 파악하기에 용이해진 것도 사실이다. 소비 이력 분석, 다양한 서비스 간 연결, 실시간 커뮤니케이션 등은 소비자에게 더욱 개인화된 서비스를 제공하고, 이를 통해 기업과 소비자 간 만족스러운 커뮤니케이션을 가능하게 한다.

기업이 소비자를 분석하고, 이를 바탕으로 경험을 제공하는 형태의 마케팅을 하면, 소비자 또한 자신의 취향과 가치관에 맞는 소비를 하기 용이한 환경에서 쇼핑하는 일에 익숙해지게 된다. 이와 같은 소비 패턴이 다시 데이터화되어 기업에 전달되고, 기업이 이를 반영하는 되먹임 (feedback)이 사이클 형태로 계속 진행되면서 더욱더 세분화되고 정교해진 경험 경제, 마케팅이 가능해진다.

앞서 예시로 들었던 라이브 방송을 통한 쇼핑을 상기해 보자. 이런 쇼핑에서는 제품을 할인한 가격에 판매하되, 특정 방송 시간 동안에만 추가적인 혜택을 제공한다. 이것은 해당 시간에 접속하는 소비자들의 더욱 적극적인 소비 행위를 유도한다. 방송 품목 선정 및 진행자, 진행 프로그램 또한 이미 라이브 방송에 적극적으로 참여하는 소비자에 대한 분석을 바탕으로 진행된다. 예를 들어 20대 초반의 여성이 관심을 가지는 제품에 대한 라이브 방송은 해당 연령대에게 인지도가 높은 유튜브 진행자, 해당 연령대의 선호가 높은 방송 콘텐츠로 채워진다. 여기에 소비자의 흥미를 유발할 게임, 추첨, 레벨 부여 등 게임적 요소를 추가해 프로그램을 진행하고, 실시간으로 소통하면서 소비자가 방송에 참여하는 듯한 몰입감을 제공한다. 방송이 끝난 후에도 구매자 및 방송 참여자에 대한 되먹임, 사후 관리를 제공해 고객의 경험을 극대화한다.

이런 유형의 라이브 방송은 물론 제품 판매가 목적이지만, 그 자체가 하나의 미디어 콘텐츠처럼 소비자에게 즐거움을 제공하는 것을 꾀하기도 한다. 구매 과정 자체에서 색다른 경험을 하게 된 소비자는 당장 제품을 사지 않는다고 하더라도 해당 브랜드에 대한 긍정적인 인식을 보유하게 되고, 이는 추후 고객의 해당 브랜드와 제품 충성도에 영향을 미치는 것이다.

요즘 세대는 스마트폰을 통해 세상과 소통하는 방식을 어렸을 때부터 익숙하게 받아들인다. 갓 돌이 지나서부터 스마트폰을 통해 영상 콘텐츠를 접하는 이들에게 온라인과 오프라인 세상의 경계는 기존 세대와 같을 수 없다. 특히 최근처럼 코로나19로 비대면 시대를 겪고 있는 세대는 온라인 활동을 더욱 현실감 있게 받아들일 수 있다. 온라인을 통해 세분화되고 개인화된 형태로 지속적 경험을 한 세대가 앞으로도 이런 방식의 마케팅을 익숙하게 받아들이고, 기대하게 될 것은 당연해 보인다. 따라서 개인 취향에 대한 심층적인 분석을 바탕으로 신선한 경험을 제공하는 제품이나 서비스를 제공하고 몰입을 유도하는 기업이 성장하게 되며 그렇지 못할 경우 이 세대로부터 외면받을 확률이 높아진다는 것이다.

많은 전문가가 게임화가 되지 않은 모든 산업이 도태되는 수준으로 사회의 광범위한 영역에서 게임화가 진행될 것으로 예측하는 이유도 바로 이 지점이다. 대중이 개인화된 경험을 바탕으로 몰입할 수 있는 환경에 익숙해진다면, 이를 유도할 가장 효과적인 방법 중 하나가 바로 게임 메커니즘의 적용, '게임화'다. 온라인과 오프라인의 경계가 흐려지면서 소비자들이 선택할 수 있는 옵션 또한 확장된다. 너무나 많은 콘텐츠 중에서 대중의 관심에서 벗어나지 않기 위한 서비스, 그리고 서비스 플랫폼의 형태는 몇십 년이 지나도 더욱 세분화되어 사회 곳곳에 남아 있는 트렌드, 즐거움을 본능적으로 쫓는 대중의 심리를 가장 잘 반영한 트렌드의 연장선에 있을 가능성이 높다. 소비자에게 극대화된 즐거움과 몰입을 유도하는 경험은 게임 메커니즘을 통해 효과적으로 제공된다. 따라서 사회의 더 많은 부분에 게임화 현상이 도입되고, 이것이 기술 발전과 맞물려 더욱 정교해질 경우, 이런 시대적 흐름은 더욱 가속화될 수 있다.

경험 공유의 가치 경험적 가치를 소비하는 요즘 세대는 소비를 물건을 사는 행위만으로 끝내지 않는다. 자신이 산 그 물건을 통해 얻은 새로운 경험인 자신의 소비 경험 자체를 적극적으로 공유하고, 소통하며, 이를 통해 공감을 얻는다.

사회적 동물인 인간이 생각과 경험, 정보 등을 교류하고 공감하며 소통하고자 하는 것은 본능에 가깝다. 소통 도구의 발달이 미미하던 시절에 구전으로만 이루어지던 소통은 종이의 발명과 운송 수단의 발전 등을 통해 더욱 확장되었고, 인터넷의 발달로 이제는 물리적 한계를 뛰어넘는 실시간 소통의 확장이 이루어지고 있다. 온라인에서 실시간 소통의 대중화가 이루어진 것은 2000년대 중반 페이스북, 트위터와 같은 SNS가 등장하면서부터다. SNS는 일대일 상황에서 주로 이루어지던 실시간 소통을 무한으로 확장하면서 소통 방식에 대한 패러다임 전환을 가져왔다. 2020년 기준으로 전 세계에서 월간 사용자가 가장 많은 SNS는 페이스북으로 월간 사용자가 27억 명 수준이고, 그 외로는 왓츠앱 20억 명, 유튜브 20억 명, 인스타그램이 10억 명 수준이다. 이 모두를 더하면 57억 명으로, 2021년 기준 전 세계 인구가 78억 명이니 보수적으로

잡아도 이제는 전 세계 인구 3분의 1 이상이 SNS를 사용하는 셈이다.

대중은 SNS를 통해 자신의 생각과 정보를 실시간으로 공유하며, 먹은 음식, 소비한 물품과 소비의 경험, 그 외 일상의 소소한 모든 것을 공유한다. 이러한 경험은 온 · 오프라인의 경계가 모호한 신세대에게 오프라인보다 어쩌면 더욱 중요한 소통 방식이다. 그리고 인공 지능을 포함한 기술의 발전은 이러한 소통, 경험의 공유를 더욱 특별하게 만들어 준다. 공감과 공유는 보편적으로 이루어질 때도 있지만, '자신과 유사한 사람들'과 만날 때 더욱 특별해질 수 있다. 즉 공유하고자 하는 대상이 유사한 취향을 가진 사람일 때의 소통 경험과 반대 취향을 가진 사람일 때의 소통 경험은 달라진다. 그런데 온라인에서는 이 모든 것이 가능하다. 의도에 따라 자신과 매우 유사한 사람과도, 반대로 완전히 다른 사람들과도 연결되고 공유하는 경험을 만들 수 있다.

특히 최근에는 메타버스처럼 새로운 커뮤니케이션이 가능한 플랫폼이 나타나면서 물리 세계에서의 연결을 더욱 실감 나게 재현하는 형태의 연결이 일어나고 있다. 이렇게 온라인에서 더욱 세분화되고 적극적이며 실감 나는 소통과 공유의 경험을 지속적으로 경험한 세대는 앞으로도 적극적인 경험적 가치의 공유를 기대하게 될 것이다.

따라서 경험적 가치를 제공하는 것은 기존의 소비 패턴, 경제 활동 방식에 영향을 미칠 뿐만 아니라, 비경제 활동, 즉 생활 양식에도 영향을 미쳐 새로운 산업과 경제 활동의 탄생 또한 이끄는 핵심 트렌드가 될 것으로 기대된다.

감각적 가치: 인지의 극대화, 경험의 확장

인간은 오감을 통해 세상을 인식하고 받아들인다. 인간의 경험이라 함은 특정 시점에 개인이 느낀 감각으로, 그 순간의 영상과 소리, 냄새 등이 뇌에 잔상처럼 남아 있기 마련이다. 시각이 예민한 사람은 멋진 풍경을 화면처럼 기억하고, 미각이 예민한 사람은 음식의 맛으로 좋은 레스토랑에서 식사한 기억을 남기며, 촉각이 예민한 사람은 고양이를 처음 만졌을 때의 부드러움을 기억에 남긴다.

인간의 감각에는 눈을 사용한 시각, 귀를 사용한 청각, 피부 접촉을 통한 촉각, 혀를 사용한 미각, 코를 사용한 후각이 있다. 인간이 원래 가진 오감의 능력을 극대화하는 기술이 발달함에 따라 인간의 경험을 더욱 확장할 수 있는 시대가 도래했다. 오감을 통한 경험의 확장은 인간에게 더욱 만족스러운 경험을 제공하면서 각종 미래 산업의 발전을 이끌 것이다.

인간이 살아가는 데 가장 많이 사용하는 시각은 망막 내 1억 개 이상의 시세포와 100만 개 이상의 신경 세포를 통해서 빛의 자극을 뇌로 전달하는 감각 작용이다. 이렇게 들어온 시각 정보를 사람은 뇌에서 가

그림 16. 인간의 오감 중 가장 비중이 높은 감각, 시각.

장 큰 부분을 차지하는 시각 겉질(시각 피질)을 통해 인지한다. 사물의 크기와 모양, 색, 원근을 판단할 수 있으며, 이를 통해 과거에 기억하고 있는 사람의 얼굴이나 특정한 물체에 대해서도 반응할 수 있다.

빛을 감지하는 눈은 인간을 포함해 여러 동물의 생활 양식에 따라 차이가 큰 기관이다. 다른 동물을 사냥하는 육식 동물은 먼 거리에서 먹잇감을 파악하기 위해 일반적으로 아주 뛰어난 시력을 가지고 있다. 야행성 동물은 빛이 약할 때도 물체를 식별하는 기능이 아주 뛰어나고, 하등 동물은 주변의 밝기 정도만을 탐지할 수 있다. 사람은 세 종류의 원추 세포(밝은 빛에 반응하고 색감을 구별하는 시세포)가 있어 빛의 삼원색(빨강·초록·파랑)을 기본으로 총 1만 7000여 가지의 색상을 구분할 수 있고 1킬로미터 밖의 희미한 빛을 감지할 수 있다. 하지만 빛이 없는 밤에는 앞을 잘 볼 수 없고 색상 구분도 힘들다.[12]

이제 인간은 광학 카메라로 훨씬 더 먼 거리에 있는 물체를 식별할 수 있고, 야간 투시경을 사용하면 빛이 부족한 곳에서도 움직이는 상대를 발견할 수 있다. 또한 적외선 카메라로 뱀 같은 동물만 가능하던 어둠 속 움직임을 볼 수 있으며, 너무 작아서 볼 수 없던 미세한 생물의 세계도 현미경으로 엿볼 수 있다. 더 나아가 최근에는 카메라에 AI 기술을 결합해 영상에서 특정한 물체나 행위를 더 쉽게 파악할 수 있다. 인공 위성 사진이나 컴퓨터 단층 촬영 영상을 받아서 패턴 식별 작업을 하면 그동안 육안으로는 찾기 어려웠던 상황의 파악이 가능하다. 지문 인식처럼 물체 일부분만으로도 수많은 영상 자료 속에서 해당 물체를 솎아 낼 수도 있다.

좋은 영상을 위해서는 좋은 카메라와 충분한 양의 빛이 필수적이었던 과거와 달리, AI 기술의 도움을 받으면 너무 어둡거나 카메라 성능이 나빠서 모습이 잘 나오지 않아도 얼굴 윤곽만으로도 특정 인물을 구분하는 것에 무리가 없다. 이에 더해 골프장이나 군에서 활용되는 레이더 기술을 사용하면 거리 측정이 가능하고, 동일한 사물을 2개 이상의 카메라로 촬영한다면 실제가 아닌 3차원 입체를 인지하는 일도 충분히 가능하다. 기술 발전에 따라 인간은 육체가 갖는 시각적 한계를 넘어 그 이상을 보고 있는 것이다.

청각 기관에서는 귀에 있는 청각 세포를 통해 공기의 진동을 감지한다. 인간은 청각 세포에서 감지된 신호가 신경 세포를 통해 뇌에서 대뇌 겉질(대뇌 피질)에 전달되면 '들린다.'라고 생각하게 된다. 그리고 뇌의 다른 부위와 결합해 들리는 소리의 특성을 파악하고 해석한다. 어떤 종류의 소리인지, 위험하지는 않은지 등을 인지하는 과정도 이때 일어난다.

그림 17. 공기압과 진동만으로 소리의 차이를 구별해 내는 청각.

또한 2개의 귀를 사용해 양쪽 귀에 도달하는 소리의 차이를 통해 어느 방향에서 소리가 나는지 인식한다.

인간이 소리를 감지하는 데 필요한 소리의 크기인 청력 역치는 개인마다 다르며, 음악과 같은 복합음을 분석하는 능력의 차이도 다르다. 인간의 귀로 들을 수 있는 소리의 주파수 대역은 30~2만 헤르츠(Hz) 정도고, 보통 나이가 들면서 고음역을 듣는 능력이 떨어진다. 개나 토끼 같은 동물은 사람보다 청각 기능이 더 뛰어나 훨씬 먼 거리의 소리도 들을 수 있다. 박쥐나 돌고래는 인간이 들을 수 없는 초음파 영역의 소리까지 듣기도 한다.

인간의 청각 영역은 음파의 활용 기술과 함께 확장되었다. 소리를 듣는 범위를 넘어서 음파의 인지 영역을 넓힌 것이다. 초음파를 이용해서 바다 깊은 곳의 물고기를 찾거나, 엄마 뱃속 아기의 모습이나 심장의 운동을 조사할 수도 있다. 최근에는 초음파를 사용해 물건의 결합부를 찾고 렌즈를 세척하거나, 모기와 같은 곤충의 접근을 막고 세균을 파괴하는 데도 사용하고 있다.

소리와 음향이 만드는 음파의 인지 기능에 인공 지능이 결합하면 인간은 더 잘 '들을' 수 있게 된다. 여러 소리가 혼재된 상황에서 특정 음색의 소리만 추출하거나, 또는 특정 음색 이외의 주변 잡음을 제거하는 기술도 개발되었다. 한 예로, 헬리콥터에서 뉴스를 중계하는 아나운서의 목소리를 잘 들리게 하도록 프로펠러 소리만 제거한다거나, 관현악을 연주하는 가운데서 피아노 소리만을 빼거나 추가할 수도 있다. 그뿐만 아니라 영화관에 설치된 스피커에 위상 차이를 만들어서 3차원 음향을 만들어 낼 수도 있다. 이는 인간이 양쪽 귀로 들어오는 음향 신호의 미세한 차이를 인지해 소리가 나는 위치를 찾아내는 것과 같은 원리이다. 더 나아가 인공 지능 음향은 먼 과거의 기억 속에 있었던 가수의 목소리나 구식 악기의 기계음을 실제와 같이 재현함으로써 인간의 청각 경험을 극대화할 것이다.

촉각 기술의 발전은 스마트폰 등에서 터치스크린이 사용되며 본격적으로 관심을 받게 된 기술이다. 그저 입력 도구에 그치던 키보드 또한 게이밍 키보드와 같이 고성능 제품의 필요성이 대두하면서 많은 발전을 거듭하고 있다. 고성능 키보드는 더 나은 반응성뿐 아니라 더 좋은 타이핑 느낌, 속칭 좋은 '키감'을 요구한다. 좋은 촉감은 단순히 부드러움 혹은 탄력 등에 그치지 않는다. 인간의 손이 다양한 범위로 확장되며, 우리는 화면을 통해 많은 물체를 만질 수 있게 되었기 때문이다. '햅틱(haptic)'이라고 불리는 이 기술은 복잡한 조정기나 로봇 손과 같은 다

그림 18. 몸의 모든 부위로 느낄 수 있는 감각인 촉각.

양한 장치에서 높은 수준의 촉감 정보를 추구한다. 사람이 전자 기기를 통해 특정 물체를 만지거나 다룰 때 실제 물체를 만지는 듯한 느낌, 즉 피부로 느끼는 힘과 촉각을 동일하게 전해 주는 것이다. 물건을 직접 손으로 들었을 때 느껴지는 물체의 온도, 질감, 무게감을 전달하고 물체의 외형에 따른 공기 저항이나 힘이 가해지는 정도까지 찾아낼 수 있다.

촉각의 전달뿐 아니라 감각의 인지와 확장의 측면에서 촉감 정보의 분석은 필수적이다. 일례로 촉감 정보를 활용하면 환자들의 치료와 재활을 돕는 자극 및 진동 패드나 발열/냉각 장치 등을 조절함으로써 의사의 세밀한 손길이 필요하던 행위를 일부 대체할 수 있다. 다만 사람의 몸에 접촉된 센서가 습관적으로 반복되는 패턴을 기억하는 정도로는 시각적 정보 없이 어떠한 움직임과 행동을 하고 있는지를 파악하기가 쉽지 않았다. 햅틱 기술은 이러한 기술적 난이도 때문에 가격 경쟁력을 갖추지 못해 시장에서 소외되었지만, 근래 인공 지능의 발전과 함께 새로운 기회를 맞고 있다. 촉각 기술과 영상 및 음성을 포함한 다양한 인지 기술과의 결합이 쉬워졌기 때문이다.

향후 촉각, 시각, 청각 인지 기술의 결합은 인간의 행동 양식을 변화시킬 수 있다. 감각 인지 기술의 확장을 통해 마치 현장에 있는 것과 같은 실제감을 느낄 수 있기에, 스포츠를 즐기거나 옷을 입어 본다거나 재활 치료를 진행하는 일이 우리에게 가능해진다. 공이 발에 닿는 느낌, 셔츠가 팔에 닿는 질감, 다리를 구부리는 힘의 크기 등을 그대로 인지한다면 우리는 물리적 거리가 사라진 공간 속에 존재할 수 있다. 세밀한 감각이 필요한 영역인 비행기 시뮬레이터, 운전자 보조 장치, 의료용 수술 시

뮬레이터, 환자용 재활 훈련기 등 다양한 응용 분야에서 인간은 어디에
나 손을 뻗는 것이 가능해질 것이다.

인간의 오감 중에 가장 예민한 것으로 알려진 후각은 생존에 매우
중요한 감각이다. 맛있는 음식 냄새와 좋은 술의 향기를 즐길 수 있을 뿐
만 아니라 상한 음식, 가스나 독성 물질을 파악하는 데도 매우 중요하기
때문이다. 인간의 후각 능력은 동물과 비교해 많이 부족한데, 개의 경우
인간보다 최대 10만 배까지 후각이 예민하다고 알려져 있다. 잘 훈련된
개는 미세한 마약을 냄새로 탐지하고, 암과 같은 특정 질병을 앓는 사람
도 찾아낼 수 있다. 후각의 인지 능력 확장에 따른 활용성이 기대되는
이유이다.

그러나 인간의 감각 기관 중에 가장 성능이 좋았던 탓인지 거꾸로
인간의 오감 중에서 후각과 미각을 탐지하는 센서는 아직 제대로 구현
되지 못하고 있다. 가스 누출을 탐지하고 일산화탄소량을 탐지해 화재

그림 19. 냄새뿐만 아니라 음식의 맛에도 관여하는 후각.

등의 재해 예방을 위한 시장이 일부 형성되고는 있으나, 센서 성능이 만족스럽지 못한 수준이며 경제성도 그다지 좋지 못하다. 최근에는 AI 기반 데이터 분석 기술이 후각 센서에 적용되고 있다. 향후 감도가 좋고 신뢰성이 있는 후각과 미각 센서가 상용화되는 시점을 기대해 본다.

3장
사이버 물리 '공간'

1. 경험과 감각을 공유할 수 있는 사이버 공간: 메타버스

즐거움의 가치, 경험적 가치와 오감의 가치를 핵심으로 발전할 사이 버 물리 공간은 어떤 모습을 띠게 될까? 사이버 세계와 물리 세계 간 경 계가 사라진 사이버 물리 공간이 탄생하기에 앞서, 이미 우리는 사이버 세상에서 새로운 공간의 탄생을 목도하고 있다. 최근 전 세계적으로 가 장 이슈가 되고 있는 키워드, 메타버스다. 메타버스는 무엇인가? 현재 메타버스 등장이 가지는 의미와 앞으로 다가올 사이버 물리 공간과의 관계는? 사이버 환경에서 새로운 공간의 형태가 메타버스라면, 물리 환 경에서 새로운 공간은 어떤 형태를 띠게 될 것인가?

메타버스의 성장이 견인할 사이버 물리 공간의 탄생이 가지는 의미 를 이해하기 위해 모바일 인터넷 시대의 시작을 떠올려 보자. 모바일 인 터넷 시대라고 부를 수 있는 시기는 언제부터일까? 인터넷이 상용화되기 시작한 시절, 최초의 휴대 전화 등장을 우리는 모바일 인터넷 시대라고 부를 수 있을까? 물론 정확히 어떤 시대의 시작을 명명하는 일은 무의미하다. 시대(era)의 시작은 복합적 요소로 이루어지기 때문이다.

하지만 아이폰의 등장 전과 이후로 사람들이 인터넷을 활용하는 방식이 크게 달라졌다는 사실은 명확하다. 아이폰이 이전의 휴대 전화와 달랐던 이유는 앱스토어 때문이다. 앱스토어의 등장으로 사용자들은 휴대 전화 회사가 제공하는 서비스뿐 아니라 계속해서 업데이트되는 수십만 개의 앱 기반 서비스를 사용할 수 있게 되었다. 이는 인터넷에 접속하는 방식에서부터 일하는 방식, 커뮤니케이션 방식, 소비 문화까지 전반적인 삶에 큰 변화를 가져왔다.

사람들이 앱을 통해서 할 수 있는 일이 많아지자 산업계뿐만 아니라 사회의 모든 제반 서비스가 '앱'을 통해 사용자와 소통하는 생태계가 조성되기 시작했다. 앱스토어는 그 자체로도 혁신이었지만, 그로 인해 다른 모든 업계가 소비자와 소통하는 방식을 바꾸면서 부차적인 혁신과 발명을 이끌었다. 앱스토어, 그리고 '모바일 인터넷 시대'의 시작이었다. 모바일 인터넷 시대의 또 다른 특징은 이 시대의 도래를 위해 어떤 발명과 혁신이 더 일어날 것인지, 또는 일어나야 하는지가 모호했다는 점이다. 앱스토어 자체에 대한 이해나 애플리케이션 개발을 위한 기술적 요소에 대해서는 충분히 알려졌지만, 이것이 '시대'를 바꾸고 있는 와중에도 앞으로 어떤 형태의 변화가 일어날지 쉽게 예측할 수 없었다.

요약하면, 앱스토어의 등장을 필두로 한 모바일 인터넷 시대의 도래는 세 가지 특징을 가진다. 첫 번째로 인류의 전반적인 삶의 방식 변화를 이끌었다는 점, 두 번째로 다른 산업계에 광범위하게 영향을 미쳤다는 점, 그리고 마지막으로 어떤 변화가 어디까지 일어날지에 대한 예측이 불가능했다는 점이다. 그리고 이제 사이버 물리 세상이 도래하고 있다. 모바일 인터넷이 인터넷의 기본 아키텍처를 변경하지 않았음에도 불구하고 우리가 인터넷에 접속하는 방식부터 장소, 시기, 이유, 사용하는 장치, 기업, 구매하는 제품과 서비스에 이르기까지 광범위한 변화와 혁신을 이끌었듯, 새로운 사이버 물리 세상 또한 우리 삶에서 컴퓨터와 인터넷의 역할을 새롭게 정의하고 발전시키며 변화시킬 것이다. 이는 모바일 인터넷 시대가 인류에게 가져다준 변화만큼이나, 혹은 더욱더 급진적이고 광범위한 방식으로 미래 사회를 바꿔 놓을 것으로 예측된다. 그 거대한 변혁의 시작점에 있는 메타버스의 등장이 가지는 의미는 무엇일까?

메타버스란 무엇인가? 최근 메타버스가 연일 이슈다. 메타버스와 관련된 기사가 쏟아지고, 관련 도서가 베스트셀러로 등극했다. 메타버스는 왜 이렇게 세간의 주목을 받는 것일까? 메타버스의 등장과 성장은 사실 새로운 일이 아니다. '오래된 미래'로 불릴 만큼 역사가 긴 메타버스가 왜 바로 지금, 이 시점에서 다시 주목을 받는 것인지 그 이유를 알아보자.

"메타버스는 OO이다."라고 콕 집어 이야기하기에 메타버스가 담고 있는 의미는 너무나 다양하다. 미국 유명 벤처 투자자인 매튜 볼(Matthew Ball)은 거꾸로 메타버스라고 '생각되는' 다양한 기존 개념과의 차별성을 들어 메타버스의 의미를 드러내고자 했다. 그가 메타버스와 구분해야 한다고 본 기존 개념은 가상 세계, 가상 공간, 가상 현실, 디지털과 가상 경제, 게임, 가상 테마파크(디즈니랜드), 새로운 앱스토어, 새로운 사용자 제작 콘텐츠(user generated contents, UGC) 플랫폼까지 총 8개로, 그는 메타버스를 이들 중 하나의 개념과 동일시해서는 안 된다고 주장한다. (표2 참조)

그렇다면 메타버스는 어떻게 정의해야 할까. 매튜 볼은 메타버스를 다음과 같이 정의했다.

> 메타버스는 대규모로 확장 가능하고 상호 운용 가능한, 실시간으로 랜더링되는 3D 가상 세계 네트워크다. 이 네트워크는 정체성(identity)과 기록(history), 자격(entitlements), 사물들(objects), 커뮤니케이션, 결제 정보와 같이 연속성을 가진 데이터를 통해 효과적으로 무한히 존재하는 가상 사용자들에 의해 동시에, 그리고 지속적으로 경험 가능한 네트워크다.

메타버스는 하나의 서비스나 기존 개념으로 정의되기보다, 연속성을 가지는 데이터로 존재하는 무한한 사용자들이 경험을 공유하는 하나의 새로운 실시간 3D 가상 세계 네트워크라는 것이다.

이 정의에 따르면 현재 메타버스로 불리는 다양한 서비스 또한 앞으로 무한히 발전 가능한 하나의 원형으로 볼 수 있다. 예를 들어 세계적으로 가장 앞서나가고 있는 메타버스 서비스로 불리는 포트나이트를 살펴보자. 포트나이트는 에픽게임즈에서 개발한 온라인 비디오 서바이벌 슈팅 게임인데, 2020년 기준 전 세계 이용자 수 3억 5000만 명을 넘어서면서 단순한 게임을 넘어서 소셜 공간, 메타버스로 진화했다는 평

표 2. 메타버스와 기존 개념과의 차이.
(출처: "Framework for the Metaverse",
https://www.matthewball.vc/all/forwardtothemetaverseprimer)

기존 개념	이유
가상 세계 (virtual world)	NPC와 같은 AI가 이끄는 캐릭터가 존재하는 가상 세계와 게임은 몇십 년 동안 존재해 왔으며, 실시간으로 실제 인간이 접속하는 공간임. 즉 가상 세계는 특정 목적을 가지고 만들어진 가짜 세계관이며, 현재의 메타버스와는 다른 개념.
가상 공간 (virtual space)	세컨드 라이프(Second Life)와 같은 디지털 콘텐츠 경험은 1) 단일 목적(게임)으로 만들어진 것이 아니며, 2) 가상의 '어울려 놀 수 있는' 공간이자 3) 실시간 콘텐츠 업데이트를 제공하고, 4) 디지털 아바타로 대변되는 실제 사람이 존재하기 때문에 메타버스의 원형이라고 볼 수 있음. 그러나 이 속성만으로는 메타버스를 구성하기에 충분하지 않음.
가상 현실 (virtual reality)	VR는 가상 세계나 공간을 경험하는 방법이며, 디지털 세상에서 존재한다는 감각 자체가 메타버스는 아님. 이는 마치 보고 걸을 수 있기 때문에 도시에 있다고 하는 이야기와 같은 것.
디지털과 가상 경제 (virtual economy)	디지털과 가상 경제 또한 이미 세상에 존재하는 것임. 리니지 같은 게임에서 가상 아이템에 대한 실제 현금 거래가 이루어지고 있으며, 비트코인과 같은 암호 화폐를 둘러싼 경제도 이미 존재함. 따라서 이것이 새로운 메타버스를 의미하는 것은 아님.
게임 (game)	포트나이트(Fortnite) 같은 게임은 메타버스의 많은 구성 요소를 가지고 있음. 이 게임은 1) IP를 융합(mashup)하고, 2) 다양한 폐쇄적 플랫폼에서도 지속적인 정체성을 부여하며, 3) 순수한 소셜 활동과 같은 많은 경험의 통로가 되고 4) 콘텐츠를 제작하는 창작자에게 보상을 지급함. 그러나 이것이 어디까지 확장되며 어떤 새로운 일자리가 탄생할 것인가의 측면에서 보면 그 미래가 너무 협소함. 메타버스는 게임을 포괄하고 게임과 같은 목적을 가지며 게임화에 관여하지만, 그 자체는 게임이나 특정 목적에 한정되지 않음.
가상 테마파크	디즈니랜드와 같은 가상의 테마파크가 아님. 메타버스는 디즈니랜드처럼 즐거움이나 엔터테인먼트에만 국한되어 디자인되는 어떤 것이 아님.
새로운 앱스토어	새로운 앱스토어가 아님. 누구도 앱을 열 수 있는 새로운 방법을 필요로 하지 않음. 메타버스는 오늘날의 인터넷이나 모바일 인터넷과는 다른 형태를 보일 것임.
새로운 UGC 플랫폼	새로운 사용자 제작 콘텐츠 플랫폼이 아님. 메타버스는 개인이 콘텐츠를 개발, 공유, 현금화할 수 있는 유튜브나 페이스북과 같은 플랫폼과는 다름. 메타버스는 거대 자본이 투자하고 각각이 플랫폼을 만들 수 있는 공간이 될 것이며, 따라서 사용자들의 상당한 시간과 경험, 콘텐츠를 보유할 수 있는 수십 개의 플랫폼이 존재하는 공간이 될 것.

가를 받고 있다. 이러한 평가의 핵심이 되는 요소는 포트나이트 내에 경쟁 없이 플레이어끼리 어울리며 즐길 수 있는 '파티 로얄' 모드이다. 여기에는 공연 및 이벤트를 즐기는 공간, 빅 스크린 극장이나 다양한 아이템을 판매하는 플라자(plaza), 보트 경기나 스카이다이빙 등을 즐길 수 있는 체험 공간이 존재한다. 또한 사용자가 자신이 만든 게임이나 아이템을 선보이고 이를 통해 일부 국가에서 실제 현금으로 전환 가능한 사이버머니를 거래할 수 있는 시스템도 갖추고 있다.

실제로 BTS, 아델(Adel)과 같은 세계적 아티스트가 포트나이트의 파티 로얄 모드에서 공연을 하거나 뮤직비디오를 최초 공개했으며, 영화계의 거장 크리스토퍼 놀란(Christopher Nolan) 감독의 최신작 「테넷(Tenet)」의 예고편이 최초 상영되기도 했다. 사람이 몰리는 곳에 산업 또한 존재한다는 사실이 새삼 느껴지는 대목이다.

따라서 포트나이트는 '몇몇 연속성을 가지는 데이터로 존재하는 무한한 사용자가 게임, 커뮤니케이션, 엔터테인먼트, 쇼핑 등의 경험을 공유하는 새로운 실시간 3D 가상 세계 네트워크'로 정의할 수 있다. '게임'이라는 특정 목적의 가상 세계를 벗어나 사용자 간 소통하고, 즐길 수 있는 하나의 '공간'으로 거듭난 것이다. 사용자들은 이제 이 공간에서 새로운 엔터테인먼트를 즐기고, 가상 공간의 아이템뿐만 아니라 사용자가 생산하는 콘텐츠 등 수요와 공급의 거래가 일어나는 가상 경제를 이루고 있으며, 제한적이지만 일부 현실 경제와도 연결되는 새로운 가상 공간을 경험하고 있다.

이것이 메타버스가 지금 시점에서 왜 주목받는지에 대한 중요한 이

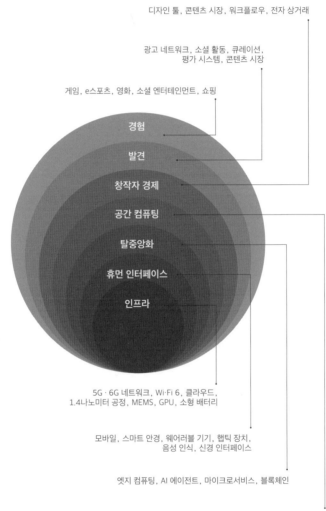

디자인 툴, 콘텐츠 시장, 워크플로우, 전자 상거래

광고 네트워크, 소셜 활동, 큐레이션,
평가 시스템, 콘텐츠 시장

게임, e스포츠, 영화, 소셜 엔터테인먼트, 쇼핑

경험

발견

창작자 경제

공간 컴퓨팅

탈중앙화

휴먼 인터페이스

인프라

5G · 6G 네트워크, Wi·Fi 6, 클라우드,
1.4나노미터 공정, MEMS, GPU, 소형 배터리

모바일, 스마트 안경, 웨어러블 기기, 햅틱 장치,
음성 인식, 신경 인터페이스

엣지 컴퓨팅, AI 에이전트, 마이크로서비스, 블록체인

3D 엔진, VR/AR/XR, UI, 멀티태스킹, 지오메트리 매핑

그림 20. 7계층 구조로 본 메타버스의 핵심 가치 사슬.

유 중 하나다. 한정적인 형태지만 확장 가능한 메타버스의 정의를 충실히 따르면서 사용자에게 새로운 경험을 제공하는 서비스들이 등장하기 시작했다는 것이다. 이러한 서비스는 기존 사이버 공간, 가상 세계, 게임 등이 가진 특징을 모두 가지면서도 이전에 맛보지 못한 새로운 경험을 제공하는 공간으로 새롭게 진화한 모습을 사용자에게 보여 줌으로써 대중의 지지를 받는 데 성공했다. 특히 게임이나 엔터테인먼트와 같은 즐거움과 쾌락의 가치를 주는 콘텐츠를 제공하고, 메타버스 내에서 콘서트를 함께 보고 공유하거나, 자신이 좋아하는 연예인에게 사이버 공간에서 사인을 받고 이를 인증하는 등의 새로운 경험과 그 경험을 공유할 수 있는 가치를 제공함으로써 소위 MZ 세대라 불리는 젊은 층의 사용자들이 몰입하고, 빠져들 수 있는 환경을 효과적으로 구축해 낸 것이다.

이 공간은 앞으로 어떻게 발전하느냐에 따라 사이버 물리 공간의 미래를 앞당기는 중요한 역할을 할 수 있다. 이를 위해서는 더 강력한 하드웨어, 연산력, 네트워크, 가상 플랫폼, 메타버스 도구 및 기술만으로는 부족하다. 사이버 공간과 물리 공간, 가상 세계와 현실 세계의 경계를 이어 주는 역할이 필요하다.

두 공간의 경계를 이어 주는 역할을 수행하는 존재가 어떤 형태를 띨지는 아직 모호하지만, 그 핵심에 인공 지능이 있음은 확실하다. 인공 지능은 말 그대로 인간 뇌의 구현을 목표로 진화와 발전을 거듭하고 있는 사이버 지능이다. 따라서 인공 지능은 그 역할이 점점 늘어나고 인간만큼, 혹은 특정 영역에서 인간보다 더욱 높은 수준으로 인간을 돕거나 상호 작용하게 된다. 개인이 인식하지 못할 만큼 일상에 깊숙이 관여할 수도 있고, 인간과 상호 작용하며 인간에게 하나의 인격체로 다가갈 수 있다. 그렇게 인간이 인공 지능을 인격체로 느끼고 상호 작용하는 순간, 사이버 공간과 물리 공간의 경계, 그리고 현실 세계와 가상 세계의 경계가 흐려질 것이다.

2. 경험과 감각을 공유할 수 있는 물리 공간: 인공 지능 체험 공간

　사이버 공간과 물리 공간의 경계가 흐려진 사이버 물리 공간은 어떤 형태를 띠게 될까? 먼저 우리가 살고 있는 물리 공간의 모습을 보자. 현재의 공간은 IT의 발전으로 과거와 얼마나 달라졌을까? 일상 공간에 가장 먼저 나타난 변화는 인터넷이 연결된 기계, 컴퓨터와 모니터(스크린)가 등장한 것이다. 그 후 소형화된 컴퓨터인 노트북과 태블릿 PC, 휴대 전화 등 세상에 없던 기계들이 발명되어 물리 공간을 차지하기 시작했다. 비교적 최근 새로운 기기의 발명이 이루어진 것이 (메타 퀘스트처럼) 머리에 착용하는 HMD, HMD와 같이 동작하는 조이스틱, AI 스피커 등이다.

　새롭게 발명된 도구들도 있지만, 기존 물리 공간에 존재하던 기기들 또한 인터넷과 연결되면서 그 기능과 역할의 확장이 이루어졌다. 대표적으로 텔레비전이 인터넷에 연결되면서 IPTV로 새롭게 태어났으며, 이후 소형-대형을 불문하고 물리 공간에 있던 수많은 가전 기기가 인터넷에 연결되고, 더 나아가 인공 지능 알고리듬을 탑재하면서 '스마트' 기기로 불리기 시작했다. 이제는 보일러, 냉장고, 세탁기, 에어컨, 텔레비전에 이르기까지 가장 보편적인 가전 제품에 인공 지능 알고리듬이 탑재되어 출시되고, 사용자들은 휴대 전화 애플리케이션을 통해 제품을 제어한다. 과거에 버튼으로만 동작하던 기기들은 이제 사용자가 제품을 사용하는 패턴을 학습하고, 환경에 따라 새로운 사용법을 제안하며, 때때로 탑재 소프트웨어와 앱의 업데이트를 통해 기능이 한 단계 개선(upgrade)되기도 한다.

새로운 사이버 물리 공간에서는 더욱더 많은 기기가 인터넷에 연결되고, 인공 지능 알고리듬을 탑재하며, 또 다른 새로운 기기의 발명이 이어질 것이다. 그것이 어떤 형태가 될지를 한 가지 시나리오로 정의할 수는 없다. 하지만 사이버 공간이 그러했듯, 물리 공간 또한 인간이 더욱더 실감 나게 경험과 감각을 공유하며, 즐거움의 가치를 추구하는 공간으로 진화할 것이라는 사실은 분명하다.

컴퓨터가 처음 등장했을 당시 한 뼘 정도의 크기에 불과했던 모니터 크기는 점점 더 커져 이제는 가정에서도 85인치 텔레비전을 설치하기에 이르렀다. 그뿐만 아니라 휘어진 형태의 커브드(curved) 모니터도 새롭게 등장했다. 사용자는 이처럼 다양한 모니터를 한 대, 혹은 그 이상 연결해 더 많은 정보를 받아들이고 사이버 공간과 소통하기 시작했다. 더 나아가 디즈니월드를 포함한 세계 주요 테마파크에서 IMAX 영화에 3차원 기술을 채택하고 국내에서도 3차원 텔레비전 전쟁이 벌어진 적이 있다. 몰입감 측면에서 본다면 모니터나 텔레비전이 가진 한계를 극복하게 해 줄 수 있는 것이 VR헤드셋이다. 메타에서 개발한 메타 퀘스트는 별도의 기기가 없이도 머리에 쓰기만 하면 독립된 컴퓨터 기기로 작동하며, 지원하는 앱에 따라 360도 가상 환경을 경험하게 한다. 향후 비용 문제가 해결된다면 미래에는 머리에 쓰거나 무언가를 들지 않고서도 사용자가 존재하는 공간 전체를 활용해 실감나게 소통하는 환경이 구축될 수 있다.

사이버 공간에서의 경험을 물리 공간에서, 물리 공간에서의 경험을 사이버 공간에서 더욱 실감나게 경험하고, 공유하며, 이를 통해 다양한 즐거움을 추구하고자 하는 인간의 욕구는 사이버 물리 공간의 발전을 이끄는 원동력이다. 먼 미래의 사이버 물리 공간에서는 물리 공간에 존재하는 것과 사이버 공간에 존재하는 것이 그 경계를 인지할 수 없을 만큼 자연스럽게 상호 작용하게 될 것이다. 그 경계를 모호하게 하는 데는 온·오프라인상의 수많은 기기를 인식하고, 연결하며, 서로 소통하게 하는 진화된 형태의 웹 기반 기술, AI 기술이 핵심 역할을 수행할 것이다.

궁극적인 사이버 물리 공간의 모습이 나타나기에 앞서, 물리 공간에서도 메타버스와 같이 원형적인 성격을 가진 새로운 공간의 등장을 상상해 볼 수 있다. 개인이 현재 가장 진화된 형태의 AI 기술을 탑재하고, 가장 몰입감 높고 실감 나게 물리 공간과 사이버 공간을 넘나들 수 있는 물리적 환경을 갖추기란 비용적으로나 공간적으로 어려운 일이다. 따라서 이를 체험하는 공간이 하나의 새로운 사업으로 등장할 것이다. 마치 과거 개인이 노래를 부르기 위해 노래방 기기와 음향 시설을 갖추는 대신 비용을 내고 노래방을 이용하듯, 현재 시점에서 가장 진화된 형태의 사이버 물리 공간을 체험하기 위해 모든 것이 갖추어진 인공 지능 체험 공간이 그 역할을 차지한다. 기업은 대자본과 하이엔드 기기를 바탕으로 대중에게 이전에 시도하지 못했던 경험을 제공하는 공간을 제시함으로써 새로운 시장의 기회를 열 수 있다.

이와 같은 체험 공간의 형태는 1인을 위한 공간이 될 수 있지만, 다수가 동시에 이용하거나 공공성을 가진 공간으로 탄생함으로써 더욱 다양한 경험을 제공할 수도 있다. 국립 박물관이나 세종 문화 회관, 국립 교육 기관과 같이 전 국민에게 유용하지만 모든 지역에 물리적으로 설치될 수 없는 시설이 다수가 동시에 이용 가능한 사이버 물리 공간으로 지역에 재현된다면, 국가 자원의 지역 불균형을 해소할 좋은 해결책이 될 것이다.

인공 지능 체험 공간 상상하기

엔터테인먼트: BTS를 좋아하는 사용자는 실감형 체험 공간에서 정보 공유 동의 의사를 밝히고 자신의 취향 정보를 체험 공간의 인공 지능과 동기화하고, 인공 지능은 사용자 분석을 바탕으로 가장 좋아할 엔터테인먼트 콘텐츠를 제공한다. 실시간으로 함께 있는 것 같이 대상과 만나고, 오감을 활용해 콘서트장 1열에, 혹은 전 세계 어디든 원하는 공간을 배경으로 콘텐츠를 즐기며, 냄새와 아주 작은 소리, 내 시야로 다 담을 수 없었던 공간 정보 등과 함께 자신의 경험을 저장하고 공유한다.

3장 사이버 물리 '공간'

비즈니스: 전 세계에 있는 사람들과 가상의 공간에서 회의한다고 하자. 가상 공간에 입장한 사용자는 헤드셋이나 VR 기기를 쓸 필요 없이 현실의 회의장에 있는 듯 공간의 제약에서 벗어나 자연스럽게 참가자와 소통할 수 있다. 특히 공사 현장을 3차원 입체 영상으로 실시간 공유하거나, 새로운 기획을 실감 나게 구현해 생생하게 보여 주거나, 자신의 경험을 실감형 콘텐츠를 통해 생생하게 공유하는 등 더욱 풍부한 내용을 바탕으로 비즈니스를 진행할 수 있다.

여가: 개인이 가장 원하는 형태의 휴식 환경이나 운동 환경처럼 현실에서 불가능했던 공간에 대한 욕구를 충족시킬 수 있는 인공 지능 체험 공간이 가능하다. NBA 선수들과 함께 농구하고, 가상화된 타이거 우즈에게 실감 나게 골프 레슨을 받을 수 있고, 인도의 수련원을 배경으로 요가 선생님과 트레이닝할 수 있다. 원한다면 볼리비아 우유니 사막 한가운데 누워 책을 읽는 휴식도, 중국 장가계 꼭대기에서 번지 점프를 하는 것 같은 기분도 체험한다. 혹은 가상화된 루브르 박물관에서 작품을 마음껏 확대하고 만지면서 무제한으로 감상할 수 있다. 그리고 인공 지능이 이 모든 경험에 대한 선호와 새로운 서비스에 대한 업데이트를 실시간 반영, 사용자가 요구하기 전에 사용자의 요구를 파악하고 가능한 활동을 제안한다.

3. 사이버 물리 공간과 플랫폼의 미래

사이버 물리 '공간'이라는 키워드로 현시대를 설명하고 있지만, 그 각각의 공간에 이름을 붙이고자 한다면 역시 '플랫폼'이 될 것이다. 그 가운데 사이버 공간에서의 대표적 플랫폼인 메타버스를 둘러보고 물리 공간의 플랫폼인 인공 지능 체험방을 상상해 보았다. 그러나 인간은 이보다 100만 배쯤 복잡한 생태계 속에 살고 있다. 수많은 경쟁 플랫폼이 등장하고 상호 연결되며 서로의 언어로 번역되고 정보를 교환하는 생태계에서, 더 강력한 하드웨어, 연산, 네트워크, 가상 플랫폼, 메타버스 도구 및 기술을 보유하는 것만으로는 충분하지 못할 수 있다. 그렇다면 물리 공간과 사이버 공간이 만나는 '사이버 물리 공간'의 탄생을 매개할 플랫폼은 어떤 모습을 가져야 할까? 플랫폼의 미래를 네 가지 키워드로 요약해 본다.

편리한 플랫폼

앞서 플랫폼의 진화에서 다루었듯이, 플랫폼은 사이버 공간 내 만남의 장, 업무의 장, 교육의 장, 거래의 장 등 여러 형태로 서비스되고 있다. 거래의 예시를 살펴보면, 물리 공간에서 해 왔던 일인 건물을 임대하고, 과거 거래 기록을 파악하고, 거래를 위한 각종 자료를 보내고, 물품을 주문하고 대금을 받는 등의 다양한 비즈니스 행위가 사이버 공간에서 행해진다. 이를 비롯해 물리 공간의 행위를 사이버 공간에 재현하기 위해서 다양한 플랫폼이 활용되는데, 전자 상거래 이외에도 버스와 기차 등 교통 시설을 이용하거나 병원에 다니거나 학원에 다닐 때 필요한 환경이 각기 다르기 때문이다.

이렇듯 다양한 플랫폼이 쏟아지는 가운데, 사람들이 각종 플랫폼을 활용하지 않고는 일상을 영위하기 어려운 시대가 찾아오고 있다. 이미 명절에 앱이나 인터넷으로 기차를 예매하지 않으면 고향으로 가는 기차표를 구하기란 하늘의 별 따기가 되어 버렸으니 말이다. 모두가 플랫폼을 사용한다는 것은 플랫폼의 소비자가 기술적 취약 계층까지를 포함한다는 의미이다. 이들은 어떠한 하드웨어나 소프트웨어 도구를 사용하더라도 사용법을 알아야 한다는 압박에 시달린다. 가전 제품 하나를 사더라도 사용법을 익혀야 하는데, 더 복잡한 기계 장치나 시스템을 가동하려면 복잡한 매뉴얼과 씨름해야만 하는 것이다. 혹은 아예 해당 시스템을 기피해 버리는 상황이 연출된다. 여기서 도출되는 결론은 플랫폼은 아주 잘 활용하는 사람뿐만 아니라 전혀 모르는 초보자도 쉽게 접근할 수 있도록 해야 한다. 이에 따라 '얼마나 편리하고 쉽게 이용할 수 있느냐.'가 다수가 이용하는 플랫폼에서 가장 중요한 가치로 떠오르게 되었다. 개발자가 별다른 사전 지식이나 노하우 없이도 원활히 이용 가능한 플랫폼의 형태를 추구해야 하는 이유이다.

쉬운 플랫폼을 만족하기 위해서는 한 가지 조건이 더 달성되어야 한다. 시스템상의 긴급 상황이나 오작동이 발생했을 때 즉시 발견하고 해결할 수 있는 기능이다. 지금까지 복잡한 플랫폼의 경우 대부분 문제가 발생했을 때 원인을 찾거나 이상 상황을 파악하는 데만도 최소한 몇 시간이나 때로는 며칠 이상이 소요되었다. 이러한 관리상의 문제는 신뢰와 직결되는 사안으로서, 플랫폼 운영 관리자나 개발자가 이상 상황을 빠르게 파악하고 수정해 원래 기능으로 복구하는 과정이 얼마나 빠른지가 좋은 플랫폼을 판단하는 척도가 될 수 있다. 때로는 비상시를 대비해서 여분의 플랫폼을 준비하는 등, 사용자가 불편함이 없도록 믿을 수 있는 서비스 환경을 제공해야 할 것이다.

즐거움이 있는 플랫폼

앞서 우리는 즐거움을 추구하는 인간의 본성에 관해 이야기한 바 있다. 즐거움을 좇는 우리 인간은, 새로운 공간을 방문할 때 그 공간이 나에게 즐거움을 제공하는지를 재빠르게 읽어 들인다.

텔레비전이나 매체에서 시장을 다룰 때, 흔히 '에너지 넘치는' 공간으로 표현하곤 한다. 많은 사람의 여행 계획에 지역 시장이 들어가는 이유는 시장이라는 공간 안에 다양한 콘텐츠가 존재하기 때문이다. 이때의 막연한 설렘은 단지 쇼핑의 즐거움 또는 충동구매 때문만은 아닐 것이다. 가게마다 반복되는 물건들로 요즘의 유행을 가늠하고, 호객하는 상인의 소리에 귀를 기울여 보고, 떨이 세일에 몰려가는 사람을 바라보고, 사람들이 모여 있는 곳을 기웃거리며 우리는 묘한 즐거움을 느끼는 것이다. 군중심리에 동참해 세상 쓸데없는 물건을 하나 구매했더라도 그 순간에는 분명 즐거웠으리라.

사람들로 북적북적한 공간의 에너지가 물리 공간에만 존재하는 것은 아니다. 우리는 집에 혼자 있더라도 친구와 채팅하거나 여러 사람과 소셜 네트워크로 연결되어 수다를 떨면서 사회적 에너지를 상호 교환한다. 야구 중계를 보다 홈런에 함께 환호하고, 음악 경연 프로그램을 보며 감상을 나누는 일에서 즐거움은 배가된다. 스포츠나 게임, 공연의 주체 또한 온라인이든 오프라인이든 지켜보는 관중의 환호와 호응 속에서 더 많은 힘을 얻을 수 있다. 고급 식당에서 먹는 요리보다 좋은 사람과 먹는 떡볶이가 더 즐거울 수 있듯, 공감의 에너지 또는 사회적 에너지의 섭취는 인간의 마음을 채운다.

사이버 물리 공간에서의 새로운 플랫폼은 굳이 물건을 판매한다는 목적이 아니더라도 그저 공감의 즐거움을 주는 공간으로 족할지 모른다. 홀로 농사를 짓던 사람이 누군가와 함께하는 느낌을 받고, 어려운 수술을 집도하던 의사가 동료의 의견을 구하는 것이 원활해진다면 일의 능률 또한 비약적으로 상승할 것이다. 이는 현재의 인터넷 방송과 같은 화면 공유를 의미하는 것만은 아니다. 같은 공간에 참여하는 구성원이 독립적으로 움직일 수 있을 때, 우리는 물리적 장소의 제약 없이 에너지를 더할 수 있다.

물론 현재 사이버 공간에서 벌어지는 악성 댓글과 같은 사례를 보면 모든 에너지의 모임이 평화와 행복으로 귀결될 수는 없다. 다만 증오와 질투를 비롯한 나쁜 감정의 증폭을 적절히 제어할 수 있다면, 그저 나와 다른 사람들이 연결된 느낌을 주고 다른 사람들의 행위를 지켜볼 수 있는 공간으로서 사람들은 오랜 시간 플랫폼에 머무르려 할 것이다.

똑똑한 플랫폼: 지식 플랫폼

인간의 지식 발전은 산업의 발전을 이끌어 왔다. 200여 년 전 증기

기관의 발명과 함께 시작된 산업화 사회에서 인간은 열에너지를 이용하는 방법을 찾아냈다. 물체의 위치를 변화시키기 위해 가축의 힘이나 인력에만 의존했던 사회에서 일어난 이 산업 혁명은 열에너지가 운동 에너지로 바뀌는 아이작 뉴턴(Isaac Newton)의 역학 이론을 실질적으로 적용한 중요한 사례이다. 이후 인간은 에너지를 어떻게 이용할지 본격적으로 고민하기 시작했고, 전기와 석유 에너지에 눈을 뜨기 시작해 현대와 같은 과학 기술 문명에 도달했다. 이후 정보 통신 기술의 발전과 함께 인간은 소통에서 얻어지는 정보를 에너지 삼아 또 한 번 도약한다.

인간은 도시를 비롯한 모든 생태계에서 정보를 전달받고 있다. 정보가 에너지의 원천이라면, 인간이 필요한 정보를 정확하게 원하는 때에 얻을 수만 있다면 더 많은 것을 할 수 있지 않을까?

현재 우리 사회에는 국가를 통치하고, 도시나 건물을 유지하고, 사람을 교육하고, 물건을 만들어서 팔거나 하는 모든 인간의 삶과 비즈니스 행위에 인간이 만든 기계 장치가 같이 참여하고 있다. 기존의 기계 장치에는 물리학과 공학의 원리에 따라 어떻게 동작을 해야 하는지에 대한 법칙만을 탑재했다. 그러나 인간은 점차 산재해 있는 정보가 버려지는 것이 아깝다는 생각이 들기 시작했다. 자동차를 예로 들어 설명하자면, 이는 자동차가 지나는 도로의 정보, 주위의 교통 정보, 차를 운전할 때 운전자의 습관 정보까지도 포괄하는 개념이다. 이제 인간은 자동차가 내부 엔진이나 바퀴, 조향 장치를 원활하게 구동시킬 뿐만 아니라 산악 도로나 험한 길을 제대로 지나갈 수 있을지, 교통 혼잡을 피해 어느 도로로 가야 하는지, 여정 중간에 주유소가 있는지 여부까지를 알아서 파악하기를 기대한다. 더 나아가 주변 관련 정보가 정확히 주어졌을 때, 기술적 플랫폼이 최적의 결정을 할 것이라는 믿음마저 가진다.

정보 통신 기술과 연산 기술의 발전은 아주 작은 센서에 네트워크 연결과 컴퓨팅 능력의 탑재를 저렴한 가격에 가능하게 했다. 게다가 정해진 규칙에 따라서만 움직이던 소프트웨어가 이제는 스스로 동작 상황을 파악해서 관리자의 지시 없이도 적절한 범위에서 스스로 운영 원칙 조정을 할 수 있도록 인공 지능 알고리듬이 개발되고 있다. 인간은 이제 특정 상황에 특정 시스템이 동작하도록 하는 원칙을 설정하는 방법뿐만 아니라 매 순간 인간의 명령을 받지 않아도 자율적인 운영을 하기 위해 필요한 데이터가 무엇인지 고민하고 있다. 모든 생태계에 인간의 감시와 통제, 조정이 필요했던 과거와 달리 상황을 파악할 수 있는 정확한 데이터가 주어진다면 인공 지능은 인간을 대신할 수 있을 것이다.

인공 지능이 인간을 완전히 대신하기 위해서는 넘어야 할 벽이 하나 더 있다. 목적에 맞는 운영을 위한 일반적 정보 이외에도 극한의 사용 환경이나 관련 없어 보이는 상황 정보 데이터의 수집이 그것이다. 목적이 분명한 자동차나 비행기 같은 경우 스스로 똑똑하게 운전하도록 학습할 수 있지만, 극한의 주변 환경에 따라 새롭게 학습하도록 하는 것은 또 다른 추가 작업을 요구한다. 자동차를 타고 주변 경치를 관람하거나, 애인과 함께 드라이브를 즐기는 상황에서의 운행은 빠른 이동만을 목적으로 하는 운행과는 구분되어야 한다. 즉 기계 장치와 이에 탑재되는 플랫폼도 사용 환경이라는 개념을 바탕으로 주변 상황, 더 나아가 인간의 감정이나 심리적인 상황까지를 복합적으로 파악하고 판단하는 지능을 갖출 수준으로 더 똑똑해지지 않으면 살아남기 어려울 것이다.

시너지 효과를 내는 플랫폼: 클라우드 플랫폼

학교는 선생님으로부터 교육을 제공받는 기관이지만, 학생들을 모아 놓음으로써 서로 많은 것을 배울 수 있다. 자영업의 경우에도 경쟁이 힘들더라도 같은 곳에 모여서 장사하는 편이 더 큰 효과를 낼 때가 있다. 네트워크가 발달한 요즘은 기업이 협력하기 위해 굳이 같은 지역에 위치할 필요는 없지만, 사이버 공간에서 시너지 효과를 기대할 수 있다. 오히려 물리적 위치를 공유하더라도 사람이나 자료의 교류가 없다면 같은 공간에서의 효과를 누리기는 어려운 것이 사실이다.

지식 생태계의 고도화와 함께 사람 간의 교류뿐 아니라 인간과 사물 간의 교류가 가능한 사물 인터넷 환경이 만들어지고, 수십억 개의 소프트웨어가 연결되며 수많은 인공 지능 알고리듬의 상호 작용이 일어나고 있다. 이러한 배경에서, 우리는 단순히 연결에서 끝나는 것이 아니라 서로의 시너지 효과를 생각해야 한다. 각종 시스템과 센서, 기계 장치의 운영 상황은 비슷한 환경을 구축해서 운영하는 사람이나 기업에 벤치마크로 활용될 수 있다. 이에 더해 사람과 사물 간 인공 지능 알고리듬이 더해진다면 그 상상력은 끝없이 뻗어나갈 수 있다. 사람이 인공 지능 알고리듬으로부터 생태계를 운영하는 방식을 배울 수 있고, 인공 지능은 자신의 알고리듬이 탑재되어 운영되는 사물 시스템과 이를 운영하는 인간에게서 되먹임을 받게 된다. 이 순간에도 인간, 사물과 인공 지능은 서로 협력하는 형태의 생태계를 만들어 가고 있다.

이러한 협력의 형태는 단순하지만은 않다. 인간이 존재하는 모든 환경에 각종 센서와 장치를 부착해서 데이터를 수집·파악하고 제어하는 과정은 하나의 운영 상황으로 설명될 수 없기 마련이다. 동일하게 설계한 시스템이라고 하더라도 실질적인 서비스 환경이 너무나 다양하기에 예상 가능한 모든 오류에 대비하기란 사실상 불가능하다. 많은 플랫폼이 서비스의 출시를 대비해 수백 가지가 넘는 시험을 진행해도 늘 어디선가 문제가 발생하는 이유이다. 더구나 시스템이 한 기업의 제품만이 아니라 여러 기업의 제품으로 구성되고, 구동되는 소프트웨어도 수십 가지가 넘고, 운영 관리도 동시에 여러 곳에서 각각 이루어지는 상황에서는 문제 해결 또한 쉽지 않다. 이러한 복잡한 생태계 속에서 원활한 시스템의 운영은 단순히 하드웨어 모듈이나 소프트웨어 모듈에 대한 운영 관리 책임만 명확하게 한다고 해결될 문제는 아니다. 같은 사이버 공간에서 존재하는 생태계 구성원 모두가 같은 고민을 하며 교류할 때, 문제의 근원에 접근할 수 있다.

미래 생태계가 복잡해지면 복잡해질수록 사람과 물리 시스템은 서로 간의 시너지를 필요로 한다. 이러한 배경에서 클라우드 플랫폼은 생태계의 시너지 효과를 극대화하는 데 지대한 공헌을 하고 있다. 센서와 하드웨어 장치가 클라우드 시스템에 연결되고, 이를 운영 관리하는 사람들이 클라우드를 사용하고, 수많은 소프트웨어나 인공 지능 알고리듬이 클라우드 위에 탑재되면 복합적인 연결 고리에서 시너지 효과를 기대할 수 있기 때문이다.

어떠한 시너지 효과가 일어날지는 현재로는 확실하게 알 수는 없다.

다른 곳에 적용하던 운영 방식을 시험한다거나, 예상치 못한 문제점이 생기더라도 다른 클라우드의 해결 방식을 참조하는 등의 소소한 장점만을 생각해 볼 수 있겠다. 다만 사람이 한쪽 눈으로 사물을 볼 수는 있되 두 눈을 모두 써야 거리를 비롯한 3차원 공간의 파악이 가능하듯, 사람과 사물이 서로 도울 수 있도록 하는 사물 인터넷과 상호 작용이 가능한 클라우드 플랫폼의 구축이 필수적이라는 점에는 이견이 없을 것이다.

4장
사이버 물리 공간과 기술

1. 사이버 물리 공간을 위한 플랫폼

공상 과학(science fiction, SF)의 일반적인 재미 요소는 새로운 기술과 그 기술을 기반으로 하는 새로운 세상에 대한 경외를 기반으로 한다. 영화 「매트릭스(The Matrix)」에서 등장하는 가상 세계의 접속이 현대의 VR 또는 메타버스로서 구현될 때 우리는 희열을 느낀다. 마찬가지로 앞서 다루었던 '사이버 물리 공간이 우리 사회를 어떻게 변화시킬 수 있는가'에 관한 이야기들은 기술적 뒷받침 없이는 그저 막연한 공상에 그칠 것이다. 그렇다면 현재 우리의 기술은 어디쯤 와 있는 것일까?

사이버 물리 공간을 기술적으로 정의하는 것에서 출발해 보자. 사이버 물리 공간을 구성하는 기술의 특징은 무엇일까? 흔히 혼동하는 IoT와 디지털 트윈(digital twin)은 사이버 물리 공간과 어떻게 다른 것일까? 플랫폼 기업이 승승장구하는 가운데 CPS 플랫폼은 어떤 기술이 더해진 것일까? 4장에서는 몇 가지 질문에 대한 답을 통해 CPS를 둘러싼 기술에 대해 간략히 알아본다.

CPS

일반적으로 '사이버 물리 공간(사이버 물리 시스템, CPS)'이라는 용어를 처음 접하면, 흔히 '사이버 공간'을 떠올리게 될 것이다. '사이버 공간'이 우리에게 이미 친숙한 단어이기 때문이다. 컴퓨터 시스템과 인터넷의 발달로 많은 사람이 온라인에서 다양한 활동을 하며 정보를 교환한다. 인터넷을 통해 편리하게 업무를 보고, 온라인으로 상품을 거래하고 상품의 장단점과 이용 후기를 공유한다. 또한 개인의 일상을 공유하고 주변 가족과 지인뿐만 아니라 다수의 이름 모를 사람들과 유대를 쌓기도 한다. 이렇게 우리는 온라인상의 가상 공간, 즉 '사이버 공간'을 시간과 장소에 구애받지 않고 일상적으로 접하며 생활하고 있다.

그렇다면 CPS란 무엇인가? 일반적으로 'CPS'는 이러한 가상 공간과 물리적 실체가 연동된 시스템을 일컫는다. 기술적으로는 '물리적인 시스템과 연산 자원 간에 밀접한 결합을 통해 만들어진 지능형 시스템(intelligent system)으로 주변 상황을 감지하고, 인지하며, 동시에 적절한 학습을 통해 시스템 운영 목적에 맞게 동작하는 시스템'이라고 정의할 수 있다. 주변에서 쉽게 볼 수 있는 대표적인 예로 스크린 야구나 스크린 골프를 떠올리면 이해가 쉬울 것이다. 사용자가 물리적으로 공을 치면, 카메라나 센서를 통해 그 공이 나아가는 방향과 힘, 궤적 등을 계산해서 가상의 공간, 즉 스크린에 나타내 준다. 또 다른 예로는 독일에서 추진 중인 인더스트리 4.0(Industry 4.0)을 들 수 있는데, 이는 전통적인 제조업과 IT를 결합해 지능형 스마트 공장을 구현하는 것을 목표로 한다. 센서를 통해 데이터를 수집하고, 가상 공간에서 수집된 데이터를 기반으로 최적의 동작을 찾아낸 뒤, 작동기(actuator)를 통해 실제 물리적인 동작(제어)을 수행한다. CPS는 현재 널리 사용되는 사물 인터넷(IoT), 인더스트리 4.0, 사물 통신(machine-to-machine, M2M), 만물 인터넷(internet of everything, IoE), 트릴리온 센서(trillion sensors), 포그 컴퓨팅(fog computing)과 관련이 있다. 이는 곧 물리적 세계와 가상 세계를 깊게 연결하는 기술에 대한 비전을 반영한 것이다.

'CPS'라는 용어는 2006년에 등장했으며, 미국 국립 과학 재단(National Science Foundation, NSF)의 헬렌 길(Helen Gill)이 처음으로 만들어 낸 문구로 알려져 있다.[1] 그 개념은 기전공학(mechatronics), 임베디드 시스템(embedded system), 편재형 컴퓨팅(pervasive computing), 인공 두뇌학(cybernetics) 등의 이전 개념에서 비롯된 것으로 그 뿌리는 더 오래되고 깊다. 2006년부터 NSF와 미국 국방부를 중심으로 대규모 연구 개발이 진행되었으며, 미국 국방부는 2006년 약 1조 원에서 시작해 2019년에는 약 150억 달러(18조 원)의 연구 개발비를 투입했다. 이는 마치 러시아가 스푸트니크 인공 위성을 먼저 쏘아 올렸으나 미국이 이에 대응해 엄청난 연구 개발비를 투자, 결국 달 착륙에 성공했던 과거를 연상하게 한다.

미국의 인공 지능 전문가와 대통령 정책 자문가 들은 NSF에서 제안한 CPS 기술에 대한 전략적 가치를 인식하고, 2006년에 카리브 해 연안 푸에르토리코에서 최초의 모임을 가졌다. 이 모임에서 미국이 세계의 패권을 지속적인 유지하기 위한 전략 기술 중 하나로써 CPS 기술에 대한 심도 있는 토론이 이루어졌다. 이후 2010년에 미국 전략 자문 기구에서 버락 오바마(Barack Obama) 대통령에게 전해진 대통령 과학 기술 자문 회의(President's Council of Advisors on Science and Technology, PCAST) 보고서에는 미국이 제2차 세계 대전 이후 50여 년간 세계에서 가장 경쟁력을 유지할 수 있었던 이유는 네트워킹 및 정보 기술(networking and information technology, NIT) 때문이며, 미래에는 CPS 기술이 가장 중요할 것이라는 건의가 포함되었다. 이는 마치 제2차 세계 대전 종료 후에 미국이 핵무기를 보유함으로써 패권국(hegemon)의 지위에 오른 것처럼, 21세기에 미국이 세계적 주도권을 확보하기 위한 핵심이 CPS 기술이라고 판단한 것이다. 이렇게 CPS가 국가 연구 및 개발 우선 과제로 강조된 이후로 사이버 물리 시스템 연구는 꾸준히 성장했다.

CPS의 활성화 배경에는 컴퓨터의 핵심 부품인 CPU 모듈이 '똑똑한 먼지(smart dust)'라고 불릴 만큼 작아지고, 가격이 저렴해서 물리적 시스템 대부분에 탑재할 수 있게 된 것이 매우 중요했다. 아주 조그만 위치 센서나 동작 센서에도, 복잡한 교통 시스템과 인간의 몸에 삽입하는 의료 기기 등에도 CPU를 넣을 수 있게 된 것이다. 그러나 물리적 장치에 수백만 개 이상의 센서를 부착하고 CPU를 넣고 나면 이를 어떻게 운영할지는 그동안 많이 연구되지 않았다. 이는 통신 네트워크나 슈퍼컴퓨터를 설계하는 것과는 전혀 다른 차원의 문제다. 스마트 도시나 미래 사이버 전쟁 환경은 서로 다른 수백만 개의 센서와 시스템을 동시에 운영

해야 하고, 수많은 전투기, 항공모함과 함께 수십만 명의 군인을 움직여야 하는 군사 작전 계획이 필요할 것이다. 수백만 개의 센서와 수천 개의 소프트웨어를 동시에 탑재해 이들 시스템을 정확하게 맞추어서 운영하는 일은 기존의 시스템 소프트웨어 기술로는 불가능하다. 마찬가지로 전통적인 소프트웨어 설계 개념으로는 스마트 도시 환경의 제어는 불가능하고, 미래 스마트 생태계는 결국 소프트웨어가 자동으로 상황을 인지하고, 각종 기기가 스스로 움직이고, 제어하고, 운영할 수 있도록 진화되어야 한다.

CPS 기술의 주요 특징

CPS가 가지는 기술의 의미를 해석하기 위해서는 인간이 지금까지 지나온 기술 개발의 역사를 살펴볼 필요가 있다. 과거 뉴턴 역학과 같은 물리학 법칙에 따라 움직이던 단순한 기계 장치는 공장 자동화 같이 고도의 제어와 복잡한 운영 관리를 요하는 시스템으로 성장했다. 이러한 환경은 각 시스템에 탑재된 수많은 소프트웨어를 운영하고, 교체하는 작업을 요구한다. 이제껏 인간이 수행하던 중앙 집중적 운영 관리가 서서히 한계에 도달하게 된 것이다. 반면에 연산 능력은 지리적으로 분산된 컴퓨팅 자원 간 계산, 통신, 제어 등을 하면서 대규모로 병렬 처리가 필요한 논리적 연산이나 알고리듬을 구동할 수 있게 되었다. 즉 단독으로 슈퍼컴퓨터를 만들지 않아도 분산된 시스템이 연결되면 훨씬 더 빠른 연산 능력을 갖출 수 있다. 대규모의 병렬 처리가 가능한 논리적 연산 구조는 인공 지능이라는 명칭으로 가상의 인간을 생성하기에 이르렀다. 이들은 물리 시스템이지만, 인간과 비슷하게 학습하며 인간과 더불어 살아갈 수 있다. 이러한 사실은 인간과 물리 생태계 간에 상호 작용하는 방식에 근본적인 변화를 상상하게 한다.

CPS의 미래는 '물리 시스템의 변화'를 중심으로 펼쳐진다. 이는 크게 네 가지의 기술적 특징으로 요약될 수 있는데, ① 물리적 시스템에 컴퓨팅 기능을 탑재함으로써 완전히 새로운 기능을 추가하는 것이 가능하다는 점이다. 이는 건물의 운영 관리 비용 절감과 같이 시스템을 효율적으로 운영한다는 개념에서 벗어난다. '효율성'의 개념이 현재 사용 방식의 개선을 의미한다면, 지금까지는 생각할 수 없었던 새로운 '효과성'이 등장하는 것이다. 노트북 컴퓨터에 인간의 인지 기능과 지능을 탑재하면 어떤 사람이 주인인지를 알아보고, 주인이 어떠한 작업을 할지를 예측해 관련 자료를 찾아 놓는 것과 같이 새로운 형태의 삶과 비즈니스 형태가 등장할 수 있다.

② 물리적인 시스템과 통신 기능의 결합은 지리적인 및 공간적인 제약을 없앨 수 있다. 세상 어디에서나 물리 시스템의 운영 관리가 가능해진다. 이러한 유비쿼터스 컴퓨팅과 네트워킹 기술은 전체 시스템 운영 비용을 낮추고, 미래 사회에 새로운 지식 산업이 탄생할 터전을 마련할 수 있다. 지금까지는 비용과 기술적인 어려움 때문에 상상도 하기 어려웠던 새로운 생태계가 전개되는 것이다.

③ 클라우드 플랫폼의 활성화를 통해 인공 지능의 규모가 확장될 수 있다. 현재 물리적 시스템에서 운영되고 있는 수억 개 이상의 소프트웨어가 클라우드 플랫폼으로 모인다면 수많은 감지, 제어 및 운영 관리

데이터를 바탕으로 수천 개의 인공 지능 알고리듬을 동시 구동하는 것이 가능하다. 글로벌 네트워크 환경에 더해 슈퍼컴퓨터를 능가하는 클라우드 환경은 전 세계에 있는 모든 물리적 시스템을 연결함으로써 그 위에 지구상에서 가장 큰 인공 지능을 탑재할 수가 있다.

④ 데이터 분석 기술과 인공 지능 알고리듬의 등장이다. 전투기나 대형 선박 같은 시스템은 오랜 훈련과 운영 경험이 없으면 운전하기가 어렵다. 마찬가지로 동시에 수천 대 이상의 장갑차와 전투기와 군함을 움직이는 일은 아무리 군사 전략이 뛰어난 장군이라고 하더라도 실시간으로 전투를 지휘하기에는 어려움이 있다. 일상의 문제에서도 전국 규모의 전기 에너지를 생산 및 분배하는 스마트 그리드 망은 긴급 상황 발생 시 인간이 직접 제어하기에는 무리가 있다. 인공 지능 알고리듬은 넓은 지역에 분산된 물리적 시스템을 동시에 운영하고, 발생되는 문제를 실시간으로 해결하고, 재난 발생 시에 긴급 대응할 수 있다. 학습 경험의 축적은 지금까지는 사실상 불가능했던 새로운 수준의 시스템 자동화와 지능화를 달성할 수도 있을 것이다. 이는 복잡한 제어가 필요한 시스템을 전혀 경험이 없는 일반인이라도 누구나 쉽게 운영하는 일을 가능하게 할 것이다.

CPS, IoT 및 디지털 트윈

앞서 다룬 네 가지의 특징은 CPS와 함께하는 미래상을 그릴 때마다 어디선가 들어 봤을 이야기이기도 하다. 이 중 IoT와 디지털 트윈 등의 이름은 이미 우리 삶에 들어온 듯 느껴질 수도 있다. 그렇기에 CPS와

IoT, 디지털 트윈은 자칫 혼동하기 쉬운 개념이다. 그러나 실질적인 시스템의 측면에서는 다음과 같은 차이가 있다.

① IoT는 모든 비즈니스 주체 간에 연결된 세상을 구축하기 위한 연결 측면을 강조한 것이다. 이동 통신망이나 인터넷 기술이 노트북 컴퓨터, PC, 휴대 전화를 연결했다면, IoT 기술은 모든 물리적인 도시, 공장, 가정의 업무나 개인 삶에 사용되는 시스템을 센서로 연결한다. 따라서 네트워킹 기술 측면에서 CPS와 IoT는 거의 동일하다고 볼 수 있다. CPS는 IoT 기술과 많은 부분이 연계되어 있지만, 2015년 미국 전자 전기 학회(institute of electrical and electronics engineers, IEEE) 표준에 따르면 아래와 같은 차이점이 있다.[2] CPS는 물리 시스템에서 수집된 정보의 공유를 넘어 효율성을 높이고 특정 목표를 달성하는 시스템 제어 기술로 볼 수 있고, IoT는 통신 관점에서 수많은 객체를 연결하는 기술이다. CPS의 주목적이 전체 시스템의 고신뢰 제어라면, IoT는 대규모 이종 시스템 간의 연동을 위한 개방성과 상호 연동성을 주된 목표로 한다. 이에 따라 IoT는 사물을 연결하는 방법을 중심으로 개발이 이루어지고 있다. 현재 IoT의 주된 응용 서비스는 저비용의 센서를 사용하고 사물의 연결성을 통해 데이터를 수집하는 데 집중되고 있다. 이렇게 수집된 데이터를 활용해 유용한 정보와 지식을 바탕으로 다시 효율적인 사물들의 수행 방식을 결정하는 것은 CPS의 몫이라고 할 수 있다.

② 디지털 트윈 개념은 오래전에 나왔으나 독일이 기존 공장이나 산업 시스템에 ICT를 접목해서 인더스트리 4.0 전략을 추진하면서 다시 주목을 받은 개념이다. 디지털 트윈이라는 단어는 미국의 IT 연구 및 자

문 회사 가트너(Gartner)가 인더스트리 4.0 전략을 디지털 생태계의 하이프 사이클(hype cycle) 형태로 언급하면서 처음으로 사용했다. 디지털 트윈은 모든 물리적인 생태계와 동기화된 사이버 생태계의 복제된 모델(digital replica)이 있어서, 복제된 디지털 트윈에서 물리적인 시스템의 동작 과정을 시뮬레이션할 수 있다는 것이 기본적인 개념이다. 또한 물리적 시스템에 대한 디지털 복제를 통해 수명 주기 전체에 걸쳐 해당 시스템의 속성과 상태를 유지해 시스템이 어떻게 작동하는지 동적 성질을 묘사하는 가상의 모형을 제공한다. 실제로 전기차 제조업체인 테슬라는 디지털 트윈을 잘 활용하는 사례를 보여 준다. 기존 자동차 회사들의 신제품 출시 주기가 3~4년인 데 비해 테슬라는 부품 변경이 많을 경우 일주일에 27번인 경우도 있다고 한다. 이는 애자일 NPI(Agile New Product Introduction)라는 유연한 생산 방식을 적용하고 있기에 가능한 것인데, 이렇게 수시로 변경되는 모델에 따라 생산된 차량에 대해 모두 디지털 트윈을 생성해 해당 차량의 모든 부품 정보, 소프트웨어 버전 등을 관리한다. 이 디지털 트윈 덕분에 서비스 센터에서도 고객 차량에 사용된 부품과 운행 정보 등을 정확히 파악하고 수리가 가능해진다.

최근 아마존은 AWS 리인벤트(AWS re:Invent) 행사를 통해 개발자들이 현실 세계의 시스템에 대한 디지털 트윈을 빠르고 편리하게 생성하게 해 주는 AWS IoT 트윈메이커(AWS IoT twinmaker)를 발표했다. IoT 트윈메이커는 센서, 비디오카메라 등의 다양한 소스로부터 수집된 데이터를 간편하게 통합하고 결합해 실제 환경을 모델링할 수 있는 지식 그래프(knowledge graph)를 생성해 준다. 이를 통해 고객은 실제 물리적 시스템의 디지털 트윈을 생성해, 실시간으로 모니터링하거나 가상 시뮬레이션을 통해 운영 성능을 최적화할 수 있다.

③ 마지막으로 CPS는 물리 생태계와 사이버 생태계를 연결하는 플랫폼이라는 측면에서 접근한 개념이다. 따라서 기존 산업의 진화 측면에서는 스마트 도시, 스마트 헬스, 지능형 교통망, 스마트 그리드 및 스마트 공장 등과 같은 응용 플랫폼의 연장선에 있다. 그러나 각각의 응용 플랫폼이 연결된 CPS는 기존 개별 산업 플랫폼의 미래만으로는 상상할 수 없는 새로운 사이버 물리 생태계로 진화할 것이다. 종합하자면 CPS와 IoT 및 디지털 트윈은 기술적 측면에서는 거의 유사하다고 볼 수 있다. 그 차이는 비즈니스 전략이나 생태계 접근 전략에서 찾을 수 있을 것이다.

CPS 플랫폼

개념적인 측면에서 CPS 플랫폼은 다음 그림과 같이 모델링할 수 있다.[3] 이는 각종 디바이스와 시스템이 상호 작용하는 복합 시스템 구조를 갖는다. 즉 개별 시스템이 사이버-물리 연결 개념을 가지면서 시스템 위의 시스템인 복합 시스템 개념으로 구성되는 것이다. 이러한 복합 시스템 개념은 소규모 장치에서 도시/국가/글로벌 환경까지 확대 가능하다. 이때 사람은 사이버 물리 시스템의 일원으로서 전체 운영에 관여하며, 물리적인 상태의 변화를 모니터링하고, 정보의 흐름을 관찰해 적절한 동작이 이루어지도록 한다. CPS 플랫폼은 대규모 도메인과 시스템 및 응용 소프트웨어 간을 연결하고, 다중 상호 작용을 하는 프레임워크 구

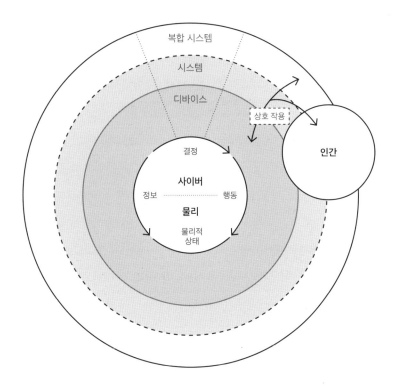

그림 21. CPS는 하나의 개별 장치(device)부터 여러 장치로 구성된 시스템, 더 나아가 여러 시스템으로 구성된 복합 시스템까지 다양한 형태와 규모로 구현될 수 있다.

조를 갖는다. CPS는 연결성 측면에서는 IoT 기술을 기반으로 한다.

CPS는 여러 요소로 구성된 복잡계(complex system)이며, 응용 도메인에 따라 다양한 형태와 규모를 가질 수 있다. 미국의 국립 표준 기술 연구소(National Institute of Standards and Technology, NIST)는 CPS에 대한 종합적인 분석을 위해 CPS 프레임워크를 제안했다. CPS 프레임워크는 CPS가 제공하는 일반적인 기능과 CPS를 개념화하고 구현하는 데 필요한 내용을 제공한다. 유럽의 플랫폼4CPS(Platfrom4CPS) 프로젝트에서는 CPS 제공자와 사용자의 요구 사항을 도출하고, 여덟 가지 기술 구성 요소와 아홉 가지의 주요 특징을 제시했다. 그리고 주요 기능으로 감지, 데이터 처리(data processing), 작동 및 물리적 조작(actuation/physical manipulation), 통신(communication), 물리 세계와 가상 세계 사이의 협력과 조정(collaboration & coordination)을 열거하고 있다.

2. 사이버 물리 공간을 위한 플랫폼 기술 요소

앞서 언급한 바와 같이 CPS는 여러 요소로 구성된 복잡계이다. 즉 이제껏 'CPS 기술' 또는 'CPS 플랫폼'으로 표현되던 개념은 다양한 기술이 융합되어 나타나는 결과물이라 할 수 있다. 세부적으로는 컴퓨팅, 통신과 같은 기반 기술을 바탕으로, 사물과 사물, 사물과 인간의 상호 작용을 가능하게 하는 인터페이스 기술, 수집된 정보와 이를 활용한 AI 기술의 결합으로 이루어진다. 이를 도식화하면 다음과 같으며, 지금부터 각 기술 요소에 대한 개괄적 내용과 현황에 대해 살펴보자.

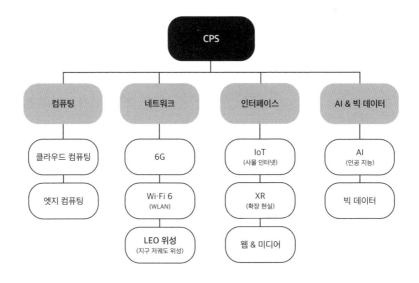

그림 22. CPS 구현에 필요한 핵심 기술은 크게 물리 세계의 상태 정보를 처리하기 위한 물리적인 컴퓨팅 기술 및 의사 결정을 위한 빅 데이터와 AI 기술, 사이버-물리 세계 간 정보 전달을 위한 네트워크 기술, CPS 장치 및 시스템 간 혹은 사람과의 상호 작용을 위한 인터페이스 기술로 구분할 수 있다.

컴퓨팅

클라우드 컴퓨팅 컴퓨팅 기술은 인류 최초의 컴퓨터 애니악(ENIAC) 부터 PC, 스마트폰을 거쳐 클라우드 컴퓨팅(cloud computing)까지 눈부신 발전을 거듭해 왔다. 스마트폰을 사용하는 누구라도 클라우드라는 말은 한번쯤 들어 보았을 것이다. 이제 대중에게 구글 드라이브, 구글 포토, 애플의 아이클라우드(iCloud), 마이크로소프트의 원드라이브(OneDrive), 드롭박스(Dropbox) 등의 클라우드는 원격 저장 공간 개념으로 친숙하다. 스마트폰에서 찍은 사진이나 자료가 멀리 떨어진 저장 공간에 저장되고 인터넷이 되는 곳이면 언제 어디에서나 다양한 기기를 통해 필요한 자료를 공유해서 볼 수 있다. 또한 저장 용량도 USB 메모리와 같은 저장 매체와는 비교할 수 없을 정도로 크기 때문에, 대용량 파일도 쉽게 저장할 수 있게 되었다. 불과 수년 전만 해도 무거운 이동식 디스크를 직접 들고 다니며 자료를 옮겨야 했던 경험을 생각하면, 클라우드가 주는 편리함은 이루 말할 수 없을 것이다. 그러나 이러한 저장 기능은 단지 클라우드의 일부분일 뿐이다. 클라우드 컴퓨팅은 원격 저장소에 자료를 보관하는 것뿐만 아니라, 원격에 있는 컴퓨팅 자원을 활용해 서비스를 제공하는 서버를 운영하거나, 응용 프로그램을 실행하거나, 또는 프로그램을 개발할 수 있는 환경도 제공해 준다.

클라우드 컴퓨팅의 개념은 1961년 매사추세츠 공과 대학교 (Massachusetts Institute Technology, MIT) 개교 100주년 기념식에서 컴퓨터 학자 존 매카시 (John McCarthy)가 "언젠가 컴퓨팅은 전화와 같이 공공재로 구성될 것입니다. 사용자들은 자신의 사용량만큼 돈을 지불하며, 거대한 시스템의 모든 프로그램 언어에 접근할 수 있을 것입니다. 일부 사용자는 다른 사용자에게 서비스를 제공하기도 할 것이며 컴퓨터 사업은 새롭고 중요한 산업의 기반이 될 것입니다."라고 말하면서 처음 언급되었다. 매카시는 컴퓨팅을 전기나 수도와 같은 공공재처럼 사용한 만큼 돈을 내게 되는 시대가 올 것을 예언한 것이다. 그의 예언대로 클라우드 컴퓨팅을 이용하면 초기에 시스템을 위한 장비를 구매하는 비용, 장비 유지 보수에 들어가는 시간과 비용, 그리고 인력까지 줄일 수 있다. 더불어 비용만 지불한다면 얼마든지 규모를 즉각 확장할 수도 있기 때문에, 특히 규모가 큰 기업 입장에서는 매력적일 수밖에 없다. 따라서 이런 장점을 기반으로 클라우드 시장은 폭발적으로 성장했다.

클라우드 컴퓨팅은 한마디로 인터넷으로 가상화된 컴퓨팅 자원을 서비스로 제공하는 것이다. 클라우드 컴퓨팅의 특징은 크게 다섯 가지를 들 수 있다.

① 비용을 지불한 사용자는 누구나 이용 가능한 공유 자원이라는 점이다. 비용만 지불하면 사용자가 원하는 서비스를 지원하는 컴퓨팅 자원을 제공해 준다.

② 여러 사용자에게 필요한 서비스를 나누어 제공하는 컴퓨팅 자원의 가상화이다. 물리적 시스템 측면에서 하나의 서버를 여러 대처럼 사용하거나, 여러 서버를 하나의 서버처럼 운영해 다양한 사용자의 요구사항에 맞추어 운영 체제와 응용 프로그램이 동작할 수 있도록 가상화된 시스템을 제공한다.

③ 설비 투자 없이도 사용량에 따라 유동적으로 규모를 확대/축소 가능한 탄력성이다. 특정 서비스를 제공하는 서버를 운영할 때, 기존 시스템에서는 이용 시간이나 사용자 수에 따라서 최고 부하를 가정해 시스템 규모를 준비해 두어야 한다. 그러나 클라우드 환경에서는 시스템 부하에 따라 자원을 유동적으로 확대/축소해 운영할 수 있도록 해 준다.

④ 클라우드 자원 배분의 자동화이다. 앞서 이야기한 것과 같이 탄력성을 제공하기 위해서는 자동으로 필요한 가상 자원을 준비해서 배포하고, 불필요한 가상 자원은 해제하는 기능이 있어야 한다.

On-site	IaaS	PssS	SaaS
어플리케이션	어플리케이션	어플리케이션	어플리케이션
데이터	데이터	데이터	데이터
런타임	런타임	런타임	런타임
미들웨어	미들웨어	미들웨어	미들웨어
O/S	O/S	O/S	O/S
가상화	가상화	가상화	가상화
서버	서버	서버	서버
스토리지	스토리지	스토리지	스토리지
네트워킹	네트워킹	네트워킹	네트워킹

■ 사용자 자원
☐ 클라우드 서비스 제공자 자원

- On-site: 사용자 자원으로 관리
- IaaS: 클라우드가 물리적인 컴퓨터를 제공.
- PaaS: 물리적인 컴퓨터와 프로그램을 구동할 수 있는 운영 체제까지 제공.
- SaaS: 실제 응용 프로그램까지 제공.

그림 23. 클라우드에서 제공하는 기능 및 사용자가 관리하는 영역을 기반으로 분류된
클라우드 서비스 모형.

⑤ 마지막 특징은 사용한 만큼만 과금하는 것이다. 시스템 구축을 위해 필요한 초기 비용이 현저히 적고 관리에 드는 비용이 적기 때문에 경제적 진입 장벽을 낮추는 효과가 크다.

클라우드 컴퓨팅은 구독 기반(subscription basis)으로 인터넷을 통해 자원을 제공하는 컴퓨팅 스타일이기 때문에 서비스형(as-a-service)으로 제공되며, 제공 서비스에 따라 크게 서비스형 인프라(infrastructure as a service, IaaS), 서비스형 플랫폼(platform as a service, PaaS), 서비스형 소프트웨어(software as a service, SaaS) 세 가지로 분류한다.

또한 클라우드 컴퓨팅은 배치 형태, 즉 클라우드 컴퓨팅의 하드웨어 위치와 운영 주체에 따라 공용(public) 클라우드, 사설(private) 클라우드, 하이브리드(hybrid) 클라우드로 구분된다. 공용 클라우드는 누구든지 이용할 수 있도록 구현된 형태로, 외부 클라우드 컴퓨팅 제공 업체가 하드웨어와 소프트웨어 등의 인프라를 소유하고 서비스를 제공한다. 클라우드 서비스 제공자가 서비스를 구축하고 관리하며, 일반 사용자 또는 대기업에게 사용량에 따라 과금하는 형태로 서비스가 제공된다. 아마존 웹 서비스(Amazon Web Services, AWS), 마이크로소프트, 구글 등 대규모 클라우드 업체의 경우 지역별로 데이터 센터를 구축해 해당 지역에 빠르고 안정적인 서비스를 제공한다. 세계적으로 많은 사람이 이용하는 비디오 스트리밍 업체 넷플릭스는 이러한 공용 클라우드의 장점을 잘 활용하고 있다. 이들은 2008년 자체적인 데이터 센터 운영을 포기하고 AWS를 클라우드 제공 업체로 선정, 7년에 거쳐 AWS로 이

전 작업을 수행했다. 현재는 지역별로 데이터 센터를 구축한 AWS의 공용 클라우드를 활용해 전 세계에 안정된 서비스를 제공하고 있다.

사설 클라우드는 기업의 자체 데이터 센터에 클라우드 환경을 구축해 사용하는 방식이다. 기업의 중요 정보를 내부에서만 접근 가능하도록 하기 때문에 보안성 확보에 유리하다. 특히 공공 기관이나 금융 기관과 같이 물리적으로 네트워크를 분리해야 하는 환경에 적합하다. 그러나 제한된 지역에만 서비스 제공이 가능하고, 확장성에 제한이 있다.

하이브리드 클라우드는 공용과 사설 클라우드를 동시에 사용하는 방식이다. 기업에 중요하지 않은 정보는 공용 클라우드를 사용하고, 중요한 서비스나 데이터는 사설 클라우드에 직접 운영하는 방식이다. 데이터센터 및 인프라는 유연한 공용 클라우드와 함께 사용 가능하기 때문에 비용 절감 및 기존 IT 투자를 극대화할 수 있다. 또한 증가하는 작업량을 원격에 있는 클라우드로 빠르게 이동 가능하기 때문에 비즈니스 이벤트에 신속하게 대응 가능하다.

조시 로젠버그(Jothy Rosenberg)와 아서 마테오스(Arthur Mateos)는 저서 『클라우드 세상 속으로(The Cloud at Your Service)』에서 모바일 기기의 혁명으로 사용자의 기기가 작고, 모바일이고, 제한된 기능을 가지고 있을 때 클라우드가 더욱 필요한 기술임을 강조했다.[4] 물리 생태계에서 생성된 모든 데이터는 결국 클라우드에 모여 방대한 데이터가 될 것이고, 클라우드 내에서 처리되고 분석됨으로써 클라우드에 연결된 모든 기기에서 가공된 데이터와 정보, 지식에 접근할 수 있게 될 것이다.

엣지 컴퓨팅 스마트폰의 등장 이후 모바일 디바이스의 수는 점점 많아지고 있고, 특히 IoT의 등장과 발전은 데이터량을 폭증시켰다. 실제로 미국의 IDC(International Data Cooperation)는 2025년에 416억 개의 IoT 기기가 약 79.4 제타바이트(zetabyte, 10의 21제곱)의 데이터를 생성하리라고 예측했다. 데이터 단위만 보더라도 우리가 일반적으로 사용하는 하드디스크 용량인 1테라바이트(terabyte, 10의 12제곱)보다 10의 9제곱, 즉 10억 배나 많으니 그 양이 실로 엄청남을 알 수 있다. 단말 기기에서 발생하는 다양의 데이터가 중앙의 클라우드에서 처리되기 위해서는 기기와 클라우드 사이의 네트워크를 통해 전달되어야 하며, 이는 곧 데이터 통신량의 폭증으로 이어져 서비스 지연이 발생되거나 일시적으로 네트워크가 중단되는 현상이 발생할 수도 있게 된다. 이렇게 폭발적인 데이터와 네트워크 트래픽을 효과적으로 처리하기 위해서 데이터가 발생하는 곳에 가까운 쪽에서 처리하도록 하는 '엣지 컴퓨팅(edge computing)'이라는 새로운 패러다임이 등장했다.

클라우드 컴퓨팅은 중앙 서버에서 데이터 처리가 이루어지는 반면, 엣지 컴퓨팅은 사용자 기기에 가까운 곳, 분산된 네트워크의 가장자리에서 데이터가 처리된다는 점에서 클라우드 컴퓨팅과 대조적인 개념으로 볼 수 있다. 사용자 기기에 가까운 곳에서 데이터가 처리되기 때문에, 서비스 응답에 가장 큰 영향을 미치는 네트워크 지연 시간을 대폭 줄일 수 있는 장점이 있다. 이는 자율 주행 등 실시간 처리가 필요한 응용에 적합한 서비스를 제공할 수 있게 한다. 또한 기기에서 생성한 데이터를 중앙 클라우드 서버에까지 전송하지 않아도 되므로 네트워크 비용을 줄일 수 있고, 중앙 클라우드의 저장소와 처리에 따른 비용도 줄일 수 있다.

엣지 컴퓨팅은 확장성 측면에서도 장점을 갖는데, 예측하기 힘든 IT 인프라 요구 사항에 따라 비용 효율적으로 빠르게 확장할 수 있다. 여러 엣지 서버가 분산되어 있으므로, 특정 서버나 네트워크에 문제가 생기더라도 중앙 서버에 비해 지속적인 서비스를 제공할 수 있어서 신뢰성이 더 뛰어나다고 할 수 있다. 데이터를 분산시켜 저장하기 때문에 보안 측면에서도 강점을 갖고, 개인 정보가 포함된 정보를 불필요하게 중앙 클라우드 서버에 전송하지 않으며 사용자에 가까운 엣지에서 처리하므로 개인 정보 보장 차원에서도 유리하다.

그렇다면 엣지 컴퓨팅의 범위를 어디까지로 봐야 할까? 다음 그림에 따르면, 엣지 컴퓨팅은 클라우드나 기업의 엔터프라이즈 데이터 센터 미만의 모든 범위를 가리킨다. 이는 엣지 기기에서부터 네트워크 게이트웨이, 엣지 컴퓨팅 서버, 로컬 데이터 센터, 지역 데이터 센터를 포함한다.[5]

최근 AI의 발전과 맞물려, 지능화된 서비스를 지원하기 위해서 클라우드 컴퓨팅과 엣지 컴퓨팅은 필수가 되었다. 이러한 현상은 미국 주요 기업의 활동에서도 나타난다. 구글은 IoT 기기에서 빠르게 기계 학습 모형을 실행할 하드웨어 칩 '엣지 TPU'와 엣지에서 바로 데이터를 처리 분석하는 소프트웨어 '클라우드 IoT 엣지'를 공개했다. 기계 학습은 데이터를 통한 학습과 추론으로 이루어지는데, 일반적으로 학습에는 많은 프로세싱 파워가 필요하므로 클라우드 서버에서 기계 학습 모형을 '학습'하고, 학습된 모형을 엣지 기기에 배포해 엣지 기기에서는 수집

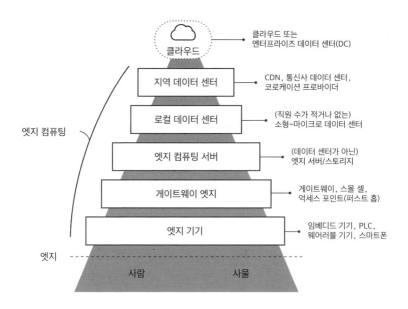

클라우드

클라우드 또는
엔터프라이즈 데이터 센터(DC)

지역 데이터 센터

CDN, 통신사 데이터 센터,
코로케이션 프로바이더

로컬 데이터 센터

(직원 수가 적거나 없는)
소형~마이크로 데이터 센터

엣지 컴퓨팅

엣지 컴퓨팅 서버

(데이터 센터가 아닌)
엣지 서버/스토리지

게이트웨이 엣지

게이트웨이, 스몰 셀,
억세스 포인트(퍼스트 홉)

엣지 기기

임베디드 기기, PLC,
웨어러블 기기, 스마트폰

엣지

사람　　　사물

그림 24. 엣지 컴퓨팅은 엣지와 중앙 '코어' 사이의 연속체 역할을
심층적으로 수행하며 종단의 사용자에게 네트워크 기반의 컴퓨팅을 제공하는 방법이다.

된 데이터를 바탕으로 '추론'을 실행한다. 구글의 '엣지 TPU'는 엣지 기기에서의 기계 학습 추론을 빠르게 수행하게 하며, 그 크기가 1센트 동전 위에 4개가 올라갈 정도로 작고, 저전력이면서도 고성능을 발휘해 소형 IoT 기기에도 탑재될 수 있다.

　아마존은 'AWS IoT 그린그래스(AWS IoT Greengrass)'라는 솔루션으로 IoT 기기에 AWS 클라우드의 기능을 확장할 수 있도록 해 준다. 마이크로소프트 또한 고급 분석 및 기계 학습 기능은 클라우드에 구현하고, '애저 IoT 엣지(Azure IoT Edge)'를 통해 IoT 기기에 배포한다. 이렇듯 무거운 기능은 클라우드에서 실행하고, 실시간으로 대응해야 하는 비교적 가벼운 기능은 엣지 디바이스에 분산해 구현함으로써 최적의 서비스를 제공하기 위해 노력하고 있다.

네트워크

6G 지금의 우리가 무리 없이 누리고 있는 인터넷 환경에서 사이버 물리 시스템을 실현한다면 어떻게 될까? 물론 이미 5G에서 스마트 공장이나 스마트 도시와 같은 서비스가 부분적으로 제공되고 있다. 하지만 사이버 물리 시스템을 제한된 공간이 아닌 사용자의 요구에 따라 기업 및 개인의 물리 세계에 확대해 사이버 공간에 구현했을 때 네트워크는 이를 어떻게 수용하고 유기적으로 서비스를 제공할지에 대해 고민해야 한다. 사람과 사람 사이의 연결에서 사물 간의 연결까지 초연결성(hyper-connectivity)이 더 뚜렷해진 시스템에서 발생하는 방대한 데이터는 어떻게 구현할 것이며, (데이터 처리는 차치하더라도) 끊임없이 변하는 주변의 물리적 변화와 정보를 어떻게 분석해 가상 공간에 실시간으로 반영할 수 있을까? 또 사이버 물리 시스템에서 제공되는 서비스의 품질은 어떻게 관리할 것인지 고민해 봐야 한다.

1G(전화)에서 2G(문자), 3G(저용량 동영상), LTE(실시간 동영상)까지, 휴대 전화를 기반으로 성장해 온 네트워크가 5G를 넘어 6G의 청사진까지 그리는 가운데 이제 네트워크의 주요 매개체는 휴대 전화뿐만 아니라 각종 첨단 장비 및 IoT 기기를 포함할 것으로 예상된다. 따라서 6G

는 미래에 일어날 다양한 가능성에 대한 상상의 나래를 펼치고, 이 가능
성의 실현체인 서비스에 중점을 두고 기술 변화를 예측해 이를 네트워
크에 반영해야 할 것이다. 국내 주요 연구소와 기업 또한 이와 같은 트렌
드를 보여 주고 있다.

주로 논의되는 서비스들은 향후 더욱 광범위하게 적용될 IoT, 3D
홀로그래픽 영상 서비스, 가상 현실(AR), 증강 현실(VR), 무인 드론/자
율 주행차, 인공 지능 기술의 확대, AI 기반의 로봇 생산 등이 있다. 6G
를 위한 코어 네트워크는 향후 이와 같은 서비스 및 기술을 안정적으로
수용하고 지원하기 위한 미래 기술이 논의되고 있다. 과학기술정보통
신부가 2020년 8월 발표한 '6G 이동 통신 R&D 추진 전략'은 5G 한계
를 보완하고 논의 중인 미래 서비스를 원활히 제공하기 위한 기술 사양
을 다음과 같이 정리했다. 6G는 1Tbps(초당 테라바이트)의 전송 속도와
100~300기가헤르츠(GHz) 대역을 활용하고, 무선 구간 지연은 0.1밀리
초(ms)로 유선 구간 지연 시간을 5밀리초로 줄여야 하며 드론과 같은
공중 비행체를 위해 지원 고도(vertical coverage)를 지상 10킬로미터까
지 확장해야 한다고 발표했다.

삼성전자는 또한 2020년 7월 발표한 'The Vision of 6G'에서 6G
시대에 구현할 수 있는 주요 서비스를 제시하고 구조적 요구 사항과
주요 개발 기술을 발표했다. 먼저 주요 서비스로는 '초실감 확장 현실
(truly immersive XR)', '고정밀 모바일 홀로그램(high-fidelity mobile
hologram)', '디지털 복제'를 전망했다. 이 중 디지털 복제는 현실을 가상
세계에 복제해 현실을 탐색하고 모니터링하는 서비스이다. 이와 같은 서

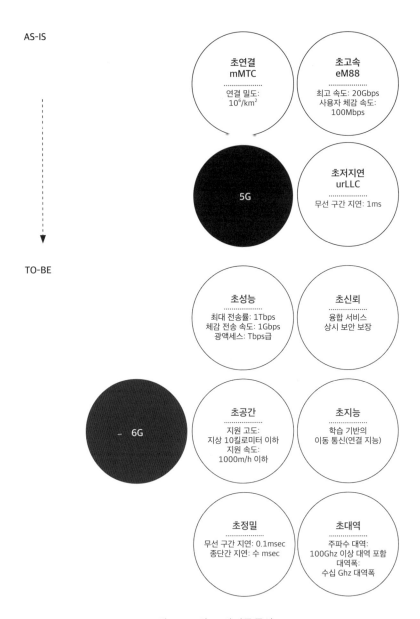

그림 25. 5G와 6G의 다른 특성.

비스를 제공하기 위해서는 먼저 단말의 제한된 연산 능력을 해결하고, AI를 기술 개발 초기 단계부터 적용하며, 새로운 네트워크 요소를 유연하게 활용할 수 있는 6G 구조가 요구된다. 신뢰성 요구 사항은 AI 기술과 사용자 정보를 활용함으로써 발생할 수 있는 보안과 프라이버시 문제 예방을 고려하고 있다. 또한 6G 요구 사항을 해결하기 위한 후보 기술을 제시했는데, 테라헤르츠(THz) 주파수 대역 활용을 위한 기술, 고주파 대역 커버리지 개선을 위한 안테나 기술, 이중화(duplex) 혁신 기술, 위성 활용 등 유연한 네트워크 구성을 위한 네트워크 토폴로지 혁신 기술, 주파수 활용 효율을 높이기 위한 주파수 공유 기술, AI 적용 통신 기술 등이 언급되었다.[6]

　한국전자통신연구원(ETRI)은 최근 '6G 모바일 코어 네트워크 기술 동향 및 연구 방향'에서 5G와 6G의 가장 큰 차별점으로 항공기 운항 거리인 10킬로미터까지 도달 범위를 확대한 지원 고도를 추가했다. 이는 항공에서 이동 통신 서비스가 제공될 수 있음을 의미한다. 또한 6G 모바일 코어 네트워크 구조 연구 방향으로 기능 분산화, 유무선 액세스 융합, 초정밀 QoS 보장, 서비스 다양성 수용, AI 내재화 기반 지능화, 자동화, RAN의 진화에 따른 코어 구조 고려 사항 등을 제시했다. 제시된 기능의 분산화에 대해서는 5G보다 종단간 지연을 더 낮추기 위해 6G에서 코어 네트워크 기능이 네트워크 엣지에 배치될 것을 전망했으며 이와 같은 기능은 인공 지능 기능을 겸해 사용자로부터 데이터를 분석해 지능적으로 반응할 수 있어야 함을 시사했다. 또, 초정밀 QoS 보장은 서비스의 요구 및 특성에 따라 필요한 만큼의 정밀한 서비스 품질을 보장해야 함을 주장했고, 인공 지능 내재화 기반 지능화·자동화는 네트워크의 다양한 요구 사항과 상태를 지능적으로 파악하고 오케스트레이션(orchestration)하기 위해 필요함을 언급했다.[7]

6G 기술 개발 및 선점을 위해 많은 나라에서 정부 주도의 6G 연구가 활발히 진행되고 있다. 미국은 방위 고등 연구 계획국(Defense Advanced Research Projects Agency, DARPA)이 주도해 6G 연구를 진행하고 있으며 2020년부터는 미국 통신 사업자 연합체(Alliance for Telecommunications Industry Solutions, ATIS)가 6G 기술 표준화와 기업간 협력을 진행하고 있다. 유럽 연합에서는 핀란드 오울루 대학교(University of Oulu)의 주도로 8년간 약 2억 5000만 유로 규모의 6G Flagship(6Genesis) 과제를 시작했으며 기업 중심으로 Hera-X 프로젝트를 출범해 6G 비전, 로드맵 등의 개발을 진행할 예정이다.

한국에서는 2019년 KAIST와 LG 전자가 함께 'LG-KAIST 6G 연구센터'를 개소했고 2021년 이동 통신용 6G 테라헤르츠 대역에서 세계 최초로 27기가헤르츠 대역폭 빔 형성(beamforming) 솔루션 기술 개발에 성공했다. 2020년에는 과학기술정보통신부 산하 기관인 정보통신기획평가원(IITP)에서 6G 통신 인프라 핵심 기술을 선점해 글로벌 시장 주도 기반을 마련하기 위한 사업을 시작했다. 6G 기술 확보를 위해 2019년 한국전자통신연구원은 B5G, 6G 사업과 오울루 대학교 6Genesis 프로젝트 간 공동 참여 협약을 체결했고, 차세대 이동 통신 시장에서 글로벌 협력 체계를 구축하고 있다.

이렇듯 세계적으로 5G를 넘어 6G 연구가 활발히 진행되고 있으며,

미래 서비스를 수용하기 위한 6G 청사진이 그려지고 있다. 대표적인 미래 서비스로서 현실 세계와 가상 세계의 연결에 따른 CPS 기반의 다양한 서비스, 지원 고도를 확대한 서비스, 초실감 확장 현실, 고정밀 홀로그램 등의 서비스가 제시되고 있다. 그리고 이를 수용하기 위해 코어 네트워크는 기존처럼 기능이 네트워크 중앙에 위치하지 않고 사용자 가까이 전진 배치되어 데이터를 수용, 지연을 낮추는 방향으로 연구되고 있다. 더불어 이런 구조를 심화시키는 요인으로 테라헤르츠와 같은 초고주파 사용을 들 수 있다. 일반적으로 초고주파는 직진성이 강하고 회절성이 약해 이동 거리가 짧고 장애물에 취약하다. 이로 인해 통신 가능 범위(cell) 반경이 100미터 이내로 제한될 수밖에 없는데 이를 수용하기 위해서는 코어 네트워크 기능이 이들 가까이에 위치해 지원해야 한다.

또한 6G 코어 네트워크는 사이버 물리 시스템 기반의 서비스에서 전송되는 사용자의 대용량 데이터를 지능적으로 분석하고, 데이터 변화에 자동화된 반응을 하기 위해 인공 지능 기능이 탑재되어야 한다. 이와 같은 인공 지능 기능은 사용자 데이터나 미래 서비스에 활용되는 것뿐만 아니라 네트워크의 다양한 요구 사항과 상태를 지능적으로 파악해 오케스트레이션하기 위해서도 필요하다. 이로써 모바일 코어의 접속 제어, 세션 제어 등이 지능화되어 유기적으로 작동할 것이다.

Wi-fi(WLAN) 가까운 미래에 안정적인 5G 혹은 6G가 제공되는 집 밖에서 스마트폰으로 넷플릭스를 보면서 집에 들어오면 '왜 갑자기 느려졌지?'하고 느끼게 될지도 모른다. 그 원인은 집 혹은 사무실과 같은 공간에서는 보통 하나의 무선 공유기에 여러 대의 무선 장치가 연결되어 네트워크에 접속하기 위해 경쟁하고 있기 때문이다. 보통 집에서는 컴퓨터, 가족 수에 비례하는 스마트폰, 스마트 패드는 물론이고 텔레비전, 냉장고, 청소기, AI 스피커, 전동 커튼, 현관문, CCTV, 전구 등과 같은 여러 기기가 하나의 무선 공유기에 접속되어 있고 4K 데이터를 지원하는 넷플릭스, 유튜브, 게임 등이 동시 다발적으로 대용량 데이터를 전송하고 있다. IEEE는 향후 가정 혹은 사무실과 같은 소규모 공간에서 50대가 넘는 장치가 무선 공유기에 연결될 것으로 예상했다.

　무선 데이터 전송 시스템, 와이파이(Wi-Fi)는 비면허 대역 근거리 통신 기술로서 요즘에는 스마트폰 이용자라면 누구나 일상적으로 활용하는 기술이다. 와이파이는 1997년 IEEE 802.11가 최초로 제정된 이래 최근 802.11ax까지 규격이 정의되어 발표되었다. 802.11ax는 6세대 와이파이라는 의미의 Wi-Fi 6로 브랜드화되었고, 최근에는 2.4기가헤르츠와 5기가헤르츠 대역 외에도 6기가헤르츠 대역을 추가해 Wi-Fi 6E(6 Extended)로 이름 지어졌다. Wi-Fi 6는 여러 장치 간에 품질 저하 없이 데이터를 빠르게 전송하기 위해 LTE에 사용했던 주파수 기술과 같은 직교 주파수 분할 다중 액세스(orthogonal frequency division multiple access, OFDMA)나 다중 사용자 다중 입력 다중 출력(multiuser multiple-input multiple-output, MU-MIMO)를 활용해 여러 기기의 무선 네트워크 접속을 쉽게 하며 최적화된 서비스를 받도록 보장한다.

　현재는 2024년에 승인 예정인 802.11be 표준을 기반으로 하는 Wi-Fi 7이 최대 40Gbps(초당 기가비트) 속도를 목표로 한창 개발 중이다.[8] 6기가헤르츠 대역에서 채널당 최대 320메가헤르츠 주파수 대역을 지

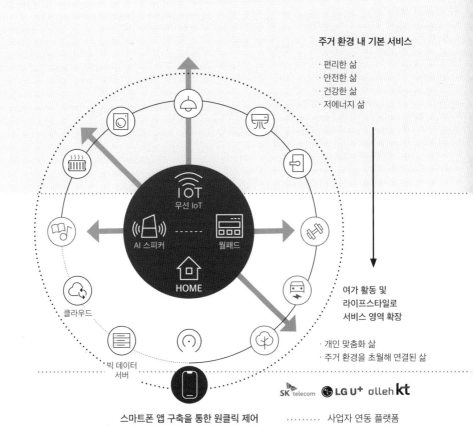

그림 26. 개방형 스마트홈 구성도.

원하고, 최대 16×16 MIMO를 지원한다. 또한 멀티 AP 연합(multi-ap coordination) 및 전송과 수신을 동시에 가능하게 하는 멀티 링크 동작 (multi-link operation) 등이 특징이다.

CPS를 일찌감치 적용한 산업 시설의 시스템은 스마트 기기, 장비 또는 인력과 프로세스를 연결하는 제어 애플리케이션으로 구성된다. 이와 같은 장비 중 전송된 데이터가 실시간으로 정확하게 작동하지 않으면 안전에 심각한 문제가 발생하거나, 갑자기 모든 장비가 멈추는 다운타임(downtime)으로 이어져 막대한 손해가 발생한다. 따라서 기존의 설비는 보통 신뢰도가 높은 유선 통제망으로 사용되었다. 하지만 설비 안에 점점 기기 구축이 늘며 무선망이 시도되고 있다. 더불어 독일에서 발표한 인더스트리 4.0은 산업 시설에 IT 시스템을 적용, 생산 시설의 네트워크화뿐만 아니라 지능형/자동형 생산 시스템을 추구하고 있다.

이와 같은 산업 시설의 사이버 물리 시스템에서 와이파이 기술은 빠른 전송 속도와 여러 기기를 안정적으로 수용하는 능력으로 산업 설비에서 점점 늘어나는 기기나 인력과 같은 다양한 변수를 고려한 최적의 실시간 통신을 보장하며, 신뢰도가 높은 시스템을 제공할 수 있다. 무엇보다 송신 노드와 수신 노드 간에 데이터 전송 시간을 정확히 예측해 결정론적 품질을 제공할 수 있어서 신뢰도가 중요한 산업 시설에 적합하다. 향후 다수의 기기 및 IoT 장비 등이 활용되는 사이버 물리 시스템을 구축하기 위해서는 추가적으로 인공 지능/기계 학습을 사용해 자동으로 망 성능을 최적화하는 기능도 포함되어야 할 것이다.

지구 저궤도 위성 2002년 테슬라의 CEO 일론 머스크(Elon Musk)가

"화성에 인간을 보내겠다."라고 선언했을 때, 세상은 또 다른 괴짜 천재의 망상이라고 치부했다. 하지만 2010년 12월 8일 머스크가 이끄는 항공 우주 장비 제조 · 생산 및 우주 수송 회사인 스페이스X(SpaceX)는 우주선 드래곤(Dragon) 호 발사를 성공시키며 발사부터 귀환 기술까지 갖춘 최초의 민간 기업으로 자리 잡았다. 그간 미국이나 러시아, 중국까지 주로 정부 주도로 발전해 온 항공 우주 사업이 민간 영역으로 확대되어 미래 시장을 겨냥하고 발전하게 된 것이다. 지구 모든 곳에서 인터넷 서비스가 가능하도록 발전한 저궤도 위성 기반 인터넷 사업은 스페이스X의 스타링크(Starlink)를 비롯해 아마존의 카이퍼(Kuiper), 소프트뱅크의 손정의가 투자한 원웹(OneWeb)과 같은 프로젝트를 통해 전지구적 인터넷 망 구축을 활발히 진행하고 있다.

사이버 물리 시스템을 구현하기 위해서는 네트워크의 도움이 절대적으로 필요하다. 이때 지상 네트워크만으로는 유입될 막대한 데이터와 향후 보급될 서비스들의 요구 사항을 모두 수용하기 어렵다. 또한 해상이나 항공 그리고 지상 망의 보급이 열악한 음영 지역을 위해서는 위성의 도움이 필요하다. 예를 들어 화물 배송 서비스를 제공하는 CPS의 경우 컨테이너 위치 추적을 위해 장착된 IoT 단말이 육지에서는 지상 네트워크를 통해 통신하다가 바다에서는 위성과 접속해 운송 정보를 유지할 수 있어야 한다.

이처럼 끊김 없는 글로벌 인터넷 망 기술은 6G와 같은 지상 네트워크와 지상으로부터 700~2,000킬로미터의 궤도로 선회하는 지구 저궤도(Low Earth Orbit, LEO) 위성의 협업으로 이뤄진다. 기존 36,000킬로미터 상공의 통신 위성과 달리 LEO 위성은 상대적으로 낮은 고도에 위치하는 만큼 통신 거리가 짧아 전파 손실이 적고 평균 전송 지연이 0.025초로 짧은 특성이 있다. 또한 다수의 군집 위성을 운용해서 사용 가능 범위를 확대, 글로벌 ICT 서비스를 효과적으로 제공하는 일이 가능하다. 캐나다 텔레셋(Telesat)의 LEO 위성은 위성 간 연결성을 위해 다중 빔 형성, 디지털 빔 형성, 디지털 온보드 프로세싱(onboard processing, OBP), 10Gbps 급의 위성 간 광통신 기능을 갖춘 위성을 발사할 예정이며 이처럼 위성 간 연결이 가능하면 지상 망에서는 게이트웨이 수를 50개 이하로만 구성해도 될 것으로 예상된다.

스타링크는 스페이스X의 우주선을 통해 한번 발사할 때마다 60기 정도의 통신 위성을 우주에 쏘아 올리며 2020년 하반기부터 미국 내 베타 서비스를 시작했다. 기존 위성 인터넷 대비 품질이 월등하고 현재 데이터 전송 속도는 50Mbps에서 150Mbps, 지연 시간은 20밀리초에서 40밀리초 사이로 한국의 평균 인터넷 속도보다 빠른 인터넷 서비스가 가능하다. 현재 스타링크가 쏘아 올린 통신 위성 중 궤도상에 있는 위성은 1,719기로, 최종 목표는 2020년대 말까지 대략 42,000대가 넘는 위성을 통해 전 세계 어느 곳에나 최대 1Gbps의 인터넷 서비스를 제공하는 것이다.

전지구적 인터넷 망 구축을 위한 광대역 서비스 외에 IoT에 특화된 중, 소형 위성 사업도 활발히 이뤄지고 있다. IoT 및 음성 위주의 서비스를 위해 중형급(500~1,000킬로그램) 위성을 사용하는 이리듐(Iridium), 글로벌스타(Globalstar), 오브컴(Orbcomm) 등의 회사가 사업을 진행

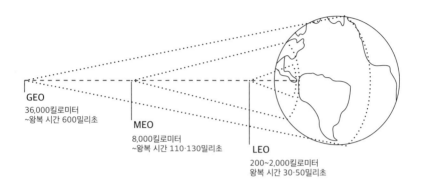

GEO
36,000킬로미터
~왕복 시간 600밀리초

MEO
8,000킬로미터
~왕복 시간 110·130밀리초

LEO
200~2,000킬로미터
왕복 시간 30·50밀리초

	저궤도 (Low Earth Orbit, LEO)	중궤도 (Medium Earth Orbit, MEO)	정지 궤도 (Geostationary Earth Orbit, GEO)
위성 고도	200~2,000킬로미터	2,000~36,000킬로미터	36,000킬로미터
평균 통신 지연율 (밀리초)	25	140	500
위성 수 (2019년 3월 기준)	1,338개	125개	544개
대표 사업자	스페이스X, 아마존, 원웹 등	SES 네트웍스	NASA 등 정부 기관

그림 27. 위성 궤도는 고도에 따라 저궤도, 중궤도, 정지 궤도로 나뉜다. 이 중 저궤도 위성은 낮은 고도 덕분에 통신 지연 시간이 작고, 저렴한 비용으로 제작 및 발사할 수 있어 경쟁력이 우수하다.

중이며, 초소형 저궤도 마이크로 위성(100킬로그램 이하)을 이용한 IoT 서비스는 미국 스파이어(Spire), 캐나다 케플러(Kepler), 호주 플리트 (Fleet), 영국 라쿠나 스페이스(Lacuna space), 프랑스 유텔셋(Eutelsat) 등

에서 준비 중에 있다.[9]

특히 데이터 속도와 용량이 작지만 초소형 위성 자체의 개발 비용이 매우 저렴하다는 매력 때문에 많은 스타트업이 소형 저궤도 위성을 이용해 위성 통신 서비스 사업에 도전하고 있다. 전문가들은 2025년경에는 약 5,000여 개의 소형 저궤도 위성이 운용될 것으로 예측한다. 노한 저궤도 위성을 통해 전 세계에 인터넷이 공급될 경우 30억 인구가 디지털 경제에 영향을 끼치며 엄청난 파급 효과를 가져올 것으로 기대된다.[10]

저궤도 위성 서비스 확대를 위해선 먼저 해결해야 할 문제가 있다. 먼저 향후 운용될 약 5,000여 개의 소형 저궤도 위성 간 간섭 문제를 고민해야 한다. 위성에서 발사하는 빔의 활성화 및 비활성화, 빔의 형태와 방향 등 다른 위성과의 간섭을 최소화하기 위한 기술적 문제를 해결해야 한다. 민간까지 합세해 발사된 위성 간의 충돌 문제 또한 고민해야 할 것이다. 미국 연방 통신 위원회(Federal Communication Commission, FCC)에서 사업자마다 고도와 궤도를 다르게 해 이 충돌을 막고 있지만, 점점 많아지는 위성을 수용하기 위해선 고도의 자동화 기술이 필요하다. 그 외에 수명을 다한 저궤도 위성이 추락하며 대기권을 뚫고 지구에 충돌할 경우 큰 재난이 발생할 수 있어, 그 또한 먼저 해결해야 한다. 위성의 지구 충돌 가능성을 낮추고 이미 우주에 있는 9,600톤에 달하는 우주 쓰레기를 처리하기 위한 청소부 위성 등이 현재 연구되고 있다.

저궤도 위성을 활용한 인터넷 서비스는 면적 대비 인구가 적은 국가 또는 해상, 산악, 항공에서 활용도가 높을 것으로 보여 비교적 서비스 면적이 좁고 인구 밀도가 높은 우리나라에서는 사업자가 저궤도 위성 기반의 인터넷 서비스에 진출할 가능성은 낮아 보인다. 특히 개인 단말 서비스의 경우 소형 추적 평판 안테나 가격까지 고려하면 가격 경쟁력이 떨어져 주요 사업이 되지 않을 수 있다. 그러나 향후 저궤도 위성의 수 증가와 전송 속도, 대역폭 등의 기술 개선과 개발 비용의 조건이 갖춰진다면 경제적 관점에서 LEO가 기존 통신망에 앞설 수 있을 것으로 보인다.

새로운 도구들

만물 인터넷 IoT은 용어 그대로 네트워크 기능을 통해 언제, 어디서든 인터넷으로 사물이 연결되는 것을 의미한다. 일반 가정에서 사용하는 텔레비전, 냉장고, 세탁기 같은 가전 제품부터 온도, 습도, 미세 먼지 등을 측정하는 센서가 달린 작은 장치까지 주변의 모든 사물이 인터넷으로 연결되는 것이다. '인터넷'과 '연결'의 의미를 생각하면 IoT는 네트워크 분야로 분류됨이 맞을지도 모른다. 하지만 사물 간의 연결을 통해 서로 필요한 데이터와 정보를 주고받으며 동작하는 IoT의 운용 목표는 사이버 물리 공간에서 사물과 사물 사이의 인터페이스 역할에 닿아 있기 때문에, 이 항목에서 IoT에 대해 기술하려 한다.

과거 PC 중심의 인터넷에서 모바일 기기의 대중화를 거쳐 이제는 모든 사물이 인터넷을 통해 연결되는 세상이 그려지고 있다. 스마트폰, 스마트 패드, 스마트 워치와 같은 개인용 기기를 비롯해 스마트 홈, 스마트 오피스, 스마트 공장 등 다양한 분야에 활용되는 임베디드 기기들이 인터넷에 연결되고 있고, 그 수가 기하급수적으로 증가하는 추세이다. IoT 기술의 발전 단계를 3단계로 나누어 볼 수 있는데, 1단계는 '연결형' IoT로 센서가 달린 사물이 인터넷에 연결되어 정보를 전송하고, 이를 토대로 인터넷을 통해 사물이 제어되는 단계이다. 2단계는 '지능형' IoT로 인터넷에 연결된 사물이 감지한 데이터를 바탕으로 지능적으로 분석과 예측을 수행하는 단계이다. 3단계는 '자율형' IoT로 사물 간에 상호 소통하며 다양한 데이터를 복합 처리하고 스스로 의사 결정을 하며, 사이버 공간과 물리 공간 사이의 지속적인 상호 작용을 수행하는 단계이다. 즉 IoT는 단순한 데이터 수집과 분석으로 시작해 상황 인식이나 상황에 따라 동적으로 적응하는 분산 지능을 갖는 수준으로 진화하고 있는 것이다.

이를 위한 IoT의 핵심 기술은 감지, 네트워킹, 인터페이스 기술을 들 수 있다. 감지 기술은 주변 환경의 정보를 습득하는 온도, 습도, 미세 먼지, 초음파, 적외선 센서 등이 있으며, 반도체 기술 발전에 힘입어 스마트 센서로 점점 더 지능화되어 가고 있다. 네트워크 기술은 인간과 사물, 사물과 사물을 연결하는 유무선 네트워크를 일컬으며, 통신 방식에 따라 통신 거리, 데이터 전송률, 단말의 가격, 소비 전력 등이 달라진다. 인터페이스 기술은 특정 기술을 수행하는 응용 서비스와 연동하는 역할로서 데이터를 저장하고 처리하는 기술, 데이터로부터 의미 있는 정보를 추출하는 데이터 마이닝 기술, 수집된 데이터나 추출된 정보를 보여 주는 웹 서비스 기술 등을 들 수 있다.

IoT 모듈이 작아지고 가격 또한 저렴해지면서, IoT 기기의 확산이 가속화되고 그에 따라 저전력 기술 소형화 기술도 함께 발전하고 있다. 사물이 소형화되어 감에 따라 전송 데이터율은 낮지만 저전력을 사용하는 직비(ZigBee), 블루투스 LE(Bluetooth LE), 로라(LoRa), NB-IoT와 같은 기술이 개발되어 활용되고 있다. 로라는 저전력 광역 통신망(low-power wide-area network, LPWAN) 기술 중에 하나로서 일반적으로 전송 주기가 시간 단위로 길고 적은 데이터를 장거리에 전송해야 하는 센서나 응용 서비스를 위해 설계된 기술이다. IEEE 802.15.4g 기반의 개방형 표준을 기반으로 비면허 주파수 대역을 사용하며, 저전력 운용을 위해서 데이터가 있을 때만 비동기식으로 전달하는 ALOHA 프로토콜을 사용한다. 스프레드 스펙트럼의 변조 방식을 변경해 다중 채널을 통해 동시에 다중 속도로 데이터를 전달할 수 있다. 최대 전송 속도는 수십 킬로바이트 단위이며, 시골 지역에서는 16킬로미터, 도심에서도 10킬로미터 정도의 거리를 전송할 수 있다. 기기에 바로 칩을 올려 데이터 전송이 가능하고 구축 비용도 적게 들기 때문에 국내에는 SK텔레콤에서 2016년 로라 전국망을 구축하고 상용화한 사례도 있다. NB-IoT도 낮은 전력 소모량으로 넓은 지역에서 다수의 IoT 기기를 수용할 수 있도록 개발되었다. 하지만 통신 사업자용 셀룰러 IoT를 위한 면허 주파수 대역을 활용한다는 점이 로라와는 다르다.

한편 저전력을 위해서는 IoT에 활용되는 하드웨어 모듈도 성능에 제한을 받게 되는데, 이를 에너지 효율적으로 운용할 임베디드 운영 체계 기술이 필요하며 감지 데이터 관리도 최적화가 필요하다. 몸에 붙일 수 있는 패치형 IoT와 같은 초소형 IoT 단말처럼 구부러지는(flexible)

기기를 위한 배터리 장치도 필요하고, 지속적인 사용을 위해 전력을 자가 생산하거나 무선 충전할 충전 기술의 개발도 필요하다.

IoT 기기의 증가는 자연스레 데이터량의 폭증으로 이어진다. IoT 기기에서 생성된 데이터가 중앙의 클라우드까지 전송되기 위해서 필요한 네트워크와 연산의 부담을 줄이고자 엣지 클라우드가 부각되기 시작했다. 더불어 IoT는 AI 기술과 접목되어 지능형 IoT 기술로 발전되고 있다. IoT에 인공 지능을 적용하는 데는 두 가지 접근법이 있을 수 있다. ① 클라우드 자원을 활용해 AI를 이용하거나, ② 사물에 직접 AI를 탑재하는 방식이다. 클라우드는 제약 사항이 많은 사물에 인터넷을 통해 거의 무한대의 연산과 저장 능력을 제공할 수 있다. 실제 미국의 대표적인 빅테크 기업 구글, 아마존, 마이크로소프트 등은 자신들의 클라우드 플랫폼에서 인지, 분석 기능을 포함한 기계 학습 서비스를 지원해 지능화된 IoT 서비스를 제공한다. 최근 드론, 로봇, 자율 주행과 같은 자율 사물을 위한 사물의 지능화에 관한 요구가 점점 커지고 있다. 더불어 기계 학습에 최적화된 신경망 처리 장치(neural processing unit, NPU)가 융합된 지능형 시스템 온 칩(system on chip, SOC)과 같은 반도체 기술 발전에 힘입어, 사물에 직접 AI 엔진이 탑재될 수도 있게 되었다. 이는 사물에서 수집된 데이터를 인터넷을 통해 클라우드 서버로 보내지 않고 직접 AI에 활용하기 때문에 실제 목표 환경에서 자율 사물, 자율 주행과 같이 실시간성을 요구하는 응용 서비스에 적합하다.

XR 확장 현실(extended reality, XR)은 컴퓨터나 웨어러블 기기에 의해 생성된 가상 세계와 현실 세계 간의 상호 작용을 나타내며 가상 현실, 증강 현실, 증강 가상(augmented virtuality, AV), 혼합 현실(mixed reality, MR) 등을 포함한다. 또한 'X'는 향후 등장할 또 다른 형태의 인간과 기계 간 상호 작용까지 아우르는 개념이다. 기존 웨어러블 기기를 통해 가상 세계에서 게임을 즐기는 것과 같은 시각적 체험에서 한발 더 나아가, 우주 공학자가 웨어러블 기기를 착용하고 우주선 조립 시뮬레이션을 하거나 의사가 의료 행위를 하는 것 같은 고차원 기술에 적용이 가능해졌으며 향후 실시간으로 사용자 데이터에 기반해 지능적으로 적응하며 맞춤형 상호 작용을 수행할 수 있어 몰입감과 현실감이 더욱 높은 경험을 제공하게 될 것이다.

XR는 대중의 메타버스를 향한 욕구와 이를 실현해 시장을 선점하기 위한 기업의 의지가 맞물리면서 개발이 집중되고 있다. 그중 페이스북은 2021년 10월 메타로 이름을 바꾸면서 메타버스 사업에 확고한 의지를 보였고, 거대한 소통의 공간을 제시하며 사람들이 가상 세계에서 시공간을 초월하고 관계를 맺는 기술을 구축할 예정이다. 이미 공개한 호라이즌(Horizon), 호라이즌 워크룸(Horizon Workroom), 호라이즌 홈(Horizon Home), 호라이즌 월드(Horizon World)를 보면 가상 세계에서 사람들이 자신을 대신할 아바타를 생성하고 관계를 맺는 모습을 보여 주고 있다. 또한 메타는 가상 세계에 접속하기 위한 장치 개발에도 집중하고 있는데, 2014년 오큘러스를 인수하고 오큘러스 퀘스트 2를 개발했으며 사용자들은 이를 통해 다양한 가상 현실을 체험할 수 있다. 또한 사람의 근육과 뇌를 오가는 전기 신호를 감지하는 팔찌 개발을 예고하는 등 가상 세계에 접속하기 위한 장치 개발에도 집중하고 있다.

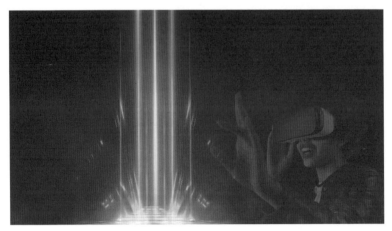

그림 28. VR 장치를 통한 가상 세계 접속.

마이크로소프트는 가상 공간과 물리 공간을 통합하는 협업 구조가
필요하다고 말하며 업무형 메타버스에 집중하고 있다. 코로나19로 인
해 증가한 원격 근무를 지원하고 및 생산성 증대를 위해 화상회의 팀즈
(Teams)와 3D 플랫폼 메시(Mesh)를 결합해 아바타 기반 회의가 가능하
게 했으며 여기에 인공 지능을 적용해 사용자의 말투와 단어를 분석, 아
바타의 표정이나 행동으로 표현할 수 있게 해 현장감과 몰입감을 더욱
높이는 서비스를 제공하고 있다. MS 루프(MS Loop)는 개인 일정, 고객
정보, 이미지 등을 가상 공간에 펼쳐 두고 관리하는 애플리케이션이다.
엑셀, 파워포인트 같은 프로그램에도 손쉽게 추가 및 문서화할 수 있도
록 했으며, 생산성 향상을 위해 상업적인 물리 공간과 디지털 공간에서
디지털 트윈을 원하는 기업들에게는 맞춤 툴 다이나믹스 365 커넥티드
스페이스(Dynamics 365 Connected Space)를 제공했다. 이 상품은 상점

을 가상 공간에 그대로 구현하고 CCTV를 통해 확보한 고객 동선 및 상품 정보 등의 데이터를 인공 지능으로 분석, 판매율을 높이기 위한 최적의 마케팅 정보를 제공한다.

또한 마이크로소프트는 기업에 초점을 맞춘 AR 기기 '홀로렌즈'를 개발했다. 석유 회사 셰브론(Chevron), 미국 방산업체 록히드 마틴(Lockheed Martin), 의료 기기 회사 필립스(Philips)는 실제 현장에서 홀로렌즈를 활용하고 있으며, 록히드 마틴은 NASA와의 협업에 홀로렌즈를 이용해 우주선 조립 시뮬레이션 시간을 8시간에서 45분으로 단축하는 효과를 보았다.

애플은 메타나 마이크로소프트와 같이 눈에 띄게 메타버스에 집중하고 있지는 않다. 그러나 2023년 AR/VR 헤드셋 출시를 앞두고 있으며 최근 특허를 출원하며 알려진 '애플 링'은 손가락에 반지를 착용하면 사용자의 움직임을 파악해 이를 반영하는 기술이다. 애플은 안경처럼 늘 착용이 가능한 형태의 기기 개발에 주력하며 현실과 가상을 융합하는 경험을 우리가 일상처럼 누릴 수 있도록 하고, 차후 이 웨어러블 기기를 통해 메타버스 영역으로 손쉽게 확장하고자 하는 의도를 보여 주고 있다.

기업의 XR 개발을 통한 메타버스 실현이 개인의 욕구나 기업의 필요에 초점이 맞춰져 있다면, 정부의 XR 중장기 투자들은 사회, 의료, 교육, 국방 등의 공공 분야에 주목하고 있다. 미국은 1990년대부터 VR를 의료 분야에서 수술 및 치료를 보조하는 수단으로 활용하는 기술 개발을 지원하고, 2000년대에는 교육, 재난 등의 분야로 확대했으며 지금은 XR-AI 융합 교육, 가상 재난 체험, 가상 전장 환경 구축 등 교육, 공공 안전, 국방과 같이 다양한 분야에 폭넓게 XR을 활용하는 연구를 지원하고 있다.

유럽은 연구 혁신 분야 재정 지원 프로그램인 호라이즌 2020(Horizon 2020)을 통해 2014년부터 의료, 제조, 교육 등 공공 분야에 XR를 활용하고자 연구를 진행했다. 후속 프로그램인 호라이즌 유럽(Horizon Europe)은 2021년부터 2027년까지 세계가 직면한 건강, 안전, 산업, 식량, 기후 문제 해결을 위해 XR, AI, 디지털 트윈과 같은 혁신 기술 개발에 투자를 지속하고 있다.

한국은 2016년 '9대 국가 전략'에서 VR 기술 개발 및 산업 육성에 본격적 정책 지원을 천명한 것을 시작으로 2020년 7월 '디지털 뉴딜(Digital New Deal)' 정책에서 ① 민간 시장 수용 창출 기반 마련을 위한 실감형 콘텐츠 제작 ② 융합형 서비스 개발, 신산업 기반 마련 ③ 안전한 국토 시설 관리를 위한 도로, 지하 공간, 항만 대상 디지털 트윈 구축 등과 같이 XR 활용 서비스 확산 및 활용 기반 마련 계획을 발표했다.[11]

메타버스라는 급물살을 타고 급격히 발전 중인 XR은 사용자 데이터를 기반으로 실시간으로 지능적인 상호 작용이 가능할 수 있으며, 초실감 확장 현실과 같이 사용자의 몰입감을 높일 수 있는 심층화된 기술 확보와 구현을 앞두고 있다. 기업들은 사용자가 착용하기 더 편한 XR 기기 개발부터 가상 공간을 위한 플랫폼과 콘텐츠 개발에 주력하고 있다. 또한 XR 기기로부터의 데이터를 사용자 상황에 맞게 지능적으로 분석해 자동화해 반영하고 반응하기 위한 인공 지능 기반의 고도화된 기술이 부각되고 있다. 따라서 XR은 게임과 같은 유희의 영역에서 유용함, 즉 필요에 의한 영역으로 확장해 나가고 있으며 의료, 교육, 제조, 국방 등과 같은 공공 이익을 위해 정부 차원의 지원이 지속될 것으로 예상된다.

웹과 미디어   사람은 직·간접적으로 다른 사람들과 연결되어 살아간다. 현대에서 사람과 직접 소통을 비롯해 글과 그림, 영상으로 상호 작용하는 배경에는 정보 통신 기술이 있다. 정보 통신 기술이라 함은 과거의 전보(電報)에서부터 현재의 미디어 통신까지 큰 범위를 모두 아우르는 개념이다. CPS의 시대에 정보 통신은 몇 가지 다른 기술과 결합해 또 한 번의 도약을 꾀하고 있다.

첫 번째는 웹 기술이다. 정보 통신 기술 중 가장 중요한 것은 음성이나 영상 신호를 디지털로 변환하는 기술이다. 네트워크로 영상이나 음성 자료를 주고받기 위해서는 보낼 때는 인코딩(부호화)하고, 받을 때는 디코딩(복호화)할 적절한 소프트웨어가 필요하다. PC에서 영상이나 음성 파일을 받을 때 흔히 사용하는 디코딩 소프트웨어는 미리 설치되어 있는 경우가 많다. 그러나 파일을 받았는데 필요한 소프트웨어가 없을 때, 우리는 필요한 디코딩 기술을 웹에서 검색해서 쉽게 가져다 쓸 수 있다. 어떠한 형태로 코딩되어 있는지 일일이 확인하지 않아도 자동으로 찾아서 설치해 주기 때문에 사용자는 어떤 소프트웨어가 필요한지를 굳이 알 필요가 없다. 최근에는 단말기의 종류도, 게임이나 e스포츠, 만화, 영화 같은 미디어의 형식도 다양해지면서 과거처럼 모든 것을 표준화하기는 쉽지 않다. 이 경우 불특정 다수가 아무런 추가 행위 없이 바로 미디어를 즐기기 위해서는 웹 표준을 따르는 편이 가장 편리하다. 즉 웹 기술은 미디어의 생산·재생에 필요한 소프트웨어를 직접 제공하지는 않지만, 분산된 지역 환경에서 생산자와 소비자 간에 필요한 각종 소프트웨어를 가장 쉽게 찾고 중계해 주는 역할을 한다.

두 번째는 3차원 영상 데이터 압축 기술이다. 디지털 영상 및 음성 기술과 관련해 동영상 전문가 그룹(Moving Picture Experts Group, MPEG)이 30여년 전 결성되었으며, 이후 UN 산하의 국제 표준화 기구인 국제 전기 통신 연합(International Telecommunication Union, ITU)에서 표준으로 제정되었다. 현재 사용하는 모든 디지털 영상 및 음성은 모두 이러한 표준을 근간으로 한다. MPEG 기술을 사용하면 영상 신호를 약 100배까지 줄여서 보낼 수 있다. 이제는 인터넷의 속도가 매우 빨라져서 옥외 안테나를 사용하는 별도의 방송망이나 케이블망이 없어도 영상이 무리 없이 재생된다. 기존 방송 안테나로는 전송이 불가능했던 4K/8K 영상도 인터넷을 이용한 IPTV 망에서 즐길 수 있다. 그러나 가상 현실 영상이나 고화질 3D 게임의 경우에는 훨씬 더 많은 데이터를 실시간으로 전달해야 하기에 MPEG 같은 데이터 압축 기술로는 한계가 있다. 3차원 게임에서 엄청나게 빠른 속도로 마우스를 클릭해서 화면을 제어해야 하는 상황은 영상 신호를 생성하고 전달하는 방식을 근본적으로 다시 생각할 수밖에 없게끔 한다. 더구나 HMD 같은 휴대 기기의 경우에는 배터리 무게가 큰 비중을 차지하기 때문에 기기의 처리 능력을 무작정 확대할 수는 없는 실정이다. 이에 국제적으로 인공 지능 기술을 미디어에 적용하기 위한 노력이 진행 중이다. (최근 MPAI(Moving Picture, audio and data coding by Artificial Intelligence)라는 사설 표준화 그룹이 활동 중이다.) 예를 들어 영상 화면에 등장하는 모든 객체를 인공 지능으로 인식해 정보를 미리 전달해 두면, 실제 영상에서는 최소한의 정보만 전달해서 수신 단말기에서 해당 영상을 정확하게 복원하는 방식이다. 영상 화면과 음성 신호의 기본 정보를 미리 알 수만 있으면 3차원 미디어의 처리도 가능할 것이다.

세 번째는 실시간 동시 다중 제어 기술이다. 게임에서의 소통을 생각해 보자. 현재 세계적으로 수십만 명이 즐기고 있는 LOL은 다자간 3차원 게임이다. 지역적으로 떨어져 있는 사람들이 정교하게 클릭하는 위치와 속도를 따라가고, 불필요한 에코를 제거하기 위해서는 여러 가지 실시간 처리 기술이 활용된다. 그럼에도 이 기술의 발전 단계는 아직도 불편함을 초래하는 수준에 머물러 있다. 최근에 많이 활용되는 온라인 회의를 하다 보면 참가자 수가 많아질수록 고화질로 실시간 대화하기가 쉽지 않음을 느낄 수 있다. 향후 스포츠 경기장이나 자동차 경주장 같은 넓은 공간에 수십 대의 카메라가 설치되는 경우 수십 개 이상의 실시간 채널이 사용될 것이다. 동시 시청자가 수만 명이고, 접속한 네트워크의 채널 상태가 수시로 바뀌는 상황에서 사용자마다 빠른 상호 작용을 위해서는 실시간 처리가 가능한 고성능 플랫폼과의 협력을 필요로 한다.

마지막으로 미디어 품질 개선을 위한 AI 기술이다. 지금까지 실시간 영상 신호의 품질을 높이기 위해서는 훨씬 더 고화질의 카메라를 사용하고, 음성 신호는 디지털 데이터로 전환해 비트레이트(bitrate)를 크게 늘리는 형태로 진행되었다. 그러나 좋은 화질, 넓은 대역으로 전달하는 것도 중요하지만 영상 신호를 정확하게 보낸다고 모든 사람이 좋아할지는 따져 봐야 할 일이다. 때로는 조금 틀리게 보일지 몰라도 영상 중 방해가 되는 부분을 제거하는 편이 더 좋을 수 있다. 불필요한 노이즈를 제거하고, 특정 패턴을 강조하는 것이다. 정보 처리가 어려운 어린아이들이 실제 영상보다 단순화된 만화를 더 좋아하는 현상과 같이, 보기에 편한 영상이 오히려 선호될 수 있다는 이야기다.

음성의 경우에도 헬리콥터에서 뉴스 방송을 하는 기자의 목소리를 담기 위해 프로펠러 소음을 제거하는 것처럼, 명확하거나 감칠맛 나는 소리는 특정 소리를 제거하거나 특정한 음색을 추가한 소리일 수 있다. 따라서 단순히 자체 품질만 높인다고 사람들이 영상과 음성의 품질이 개선되었다고 느끼기란 쉽지 않다. 미디어 자체의 선명도나 정확도보다는 결국은 인간이 얼마나 정확하게 인지할 수 있게 하는지가 핵심이다. 미래 AI 기술이 미디어에 적용되면 인간의 인지 능력 개선에 많은 도움을 줄 것이다.

AI와 빅 데이터

AI 인공 지능 기술 연구의 시작은 1950년까지 거슬러 올라간다. 튜링 테스트를 비롯해 인공 지능 알고리듬에 대한 이론적 연구는 1970년대까지 많은 발전이 있었으나 1990년대 말 IBM이 개발한 딥 블루가 세계 체스 챔피언 가리 파스카로프(Garry Kasparov)에게 승리하기 전까지 크게 주목을 받지 못했다. 이후 IBM의 왓슨이 텔레비전 퀴즈 쇼 '제퍼디(Jeopardy!)'에서 승리하고, 구글이 음성 인식과 번역에 상당한 성과를 보여 준 후에 시장의 관심이 높아지기 시작했다. 2016년 구글 딥마인드의 알파고와 이세돌 9단의 대국은 국내에서 큰 관심을 끌었고, 알파고가 4승 1패로 승리한 이후 본격적인 관심을 얻게 되었다.

AI는 인간의 지적 능력을 컴퓨터로 실현하는 기술이다. AI는 자체적으로 많은 기술이 연구되고 있기도 하지만, 다른 분야에 적용될 때 그 가치가 더 빛을 발한다. 그에 따른 AI 기술의 발전은 개인의 삶뿐만 아니라 사회 전체에 혁명적인 변화를 확산시키고 있다. 이미 우리는 가까운 주변에서 변화를 체험하고 있다. 현재 인공 지능 기술은 언어 분야에서는 구글 번역이나 네이버 파파고와 같이 세계 대부분의 언어를 (아직 완벽하지는 않지만) 사람이 이해 가능할 수준으로 번역하고 있으며, 최근 워드2벡(Word2vec) 알고리듬이 나오면서 문맥까지도 이해하는 수준으로 번역 실력이 향상되었다. 이미지 처리 분야에서는 처음에는 개와 고양이를 구분하는 수준에서 지금은 테슬라의 사례처럼 자율 주행차에 탑재된 가벼운 텐서 처리 장치(tensor processing unit, TPU) 모듈을 가지고 전방에 발생한 긴급 상황을 판단하고 스스로 운전하는 수준까지 도달했다.

최근에는 인공 지능 알고리듬이 텍스트, 음성, 언어, 이미지 및 비디오와 같은 분야를 넘어서서 바둑이나 롤플레잉 게임 등으로 확대되고 있다. 또한 인공 지능 연구는 인간의 오감 영역에 대응해 인지 능력의 정확도를 증가시키고 있으며, 특수한 분야에서는 인간의 수준을 넘어서고 있다.

최근에는 IoT 센서나 운영 관리 정보를 수집해 거의 모든 산업 분야에서 물리적인 시스템을 훈련하고, 이상 상황에 대응하는 인공 지능 알고리듬이 연구되고 있다. 현재 전 세계적으로 수만 명 이상의 연구자들이 수천 가지 이상의 인공 지능 알고리듬을 개발하고 있으며, 가전 제품을 비롯해 수만 개 이상의 시스템에 인공 지능 알고리듬을 탑재해 실험 중이다.

스마트 도시, 자율 주행 자동차, 스마트 교통, 스마트 에너지, 스마트 공장 및 물류 환경에서 인공 지능을 적용하기 위해서는 먼저 물리적인 시스템의 상황을 파악할 수 있도록 데이터를 수집해야 한다. 다양하게 수집된 데이터를 분석해 마치 셜록 홈즈 같은 탐정처럼 물리적 시스템에서 발생하는 이상 상황을 파악하고, 재난을 예방할 인공 지능/기계 학습 알고리듬이 필요하다.

물리적인 생태계에서 상황 인지를 하려면 언제, 어디에서, 어떠한 시스템에서, 어떠한 동작 과정에서, 어떠한 상황이 발생되었는지를 파악해야 한다. 현재 인공 지능 알고리듬은 음성, 이미지, 소리, 영상이나 경보 센서 신호 같은 비교적 단순한 데이터 패턴을 갖는 경우부터 많은 시스템에 탑재되고 있다.

그러나 다양한 센서를 장착하고 복잡한 운영 방식을 갖는 경우나, 주변 정보와 결합해서 상황 파악을 해야 하거나, 다른 패턴을 갖는 데이터를 분석할 수 있는 인공 지능 알고리듬은 아직 연구가 진행 중이다. 예를 들어 교통 분야에 인공 지능을 적용하기 위해서는 차량 자체의 내부 데이터(위치, 속도, 운전 방향, 엔진 상태, 타이어 상태 등) 수집도 문제이지만, 목적지까지 교통 체증 상황이나 경로 정보 등과 같은 다양한 데이터를 수집해야 한다. 현재 가장 큰 문제점은 아직 데이터 표준이 완벽하지 않고, 수집된 데이터가 인공 지능 알고리듬으로 처리할 수 있도록 잘 정리가 되어 있지 않다는 것이다. 데이터들이 각 센서의 특성에 맞추어서 비주기적이나 사건이 발생했을 때에만 수집된다는 맹점도 있다. 그러나 복잡한 사이버 물리 시스템에 필요한 인공 지능 알고리듬을 개발하기 위해서 현재 엄청나게 많은 연구가 진행 중이기에 곧 실질적인 적용 사례가 많이 발표될 것이다.

기계 학습 알고리듬은 크게 다섯 가지 유형으로 구분할 수 있다. 첫 번째는 데이터 유형을 분류하고 구분하는 데 효과적인 서포팅 벡터 머신(supporting vector machine, SVM)과 같은 알고리듬으로, 가장 초기에 연구되었다. 두 번째로 논리적으로 모든 가능한 경우의 수를 헤아리면서 의사 결정 트리 방식을 사용하는 랜덤 포레스트(random forest) 알고리듬, 세 번째로 병렬로 연결된 신경 세포와 비슷한 구조를 갖는 퍼셉트론(perceptron) 알고리듬, 네 번째로 다윈의 진화 이론을 기초로 인간의 유전자 정보 분석에 효과적인 유전(genetic) 알고리듬, 마지막 다섯 번째로 구분된 상황에 대해 확률적인 모형으로 접근하는 베이지언(baysian) 알고리듬으로 크게 구분된다.

또한 기계 학습 기법은 학습 방식에 따라 주어진 데이터로 사전에 학습해야 하는지 아닌지, 학습에 사용하는 데이터가 라벨링되어 있는지 아닌지에 따라 지도 학습(supervised learning), 준지도 학습(semi-supervised learning), 비지도 학습(unsupervised learning), 강화 학습(reinforcement learning)으로 분류하기도 한다. 데이터가 라벨링되어 있다는 것은 일종의 정답이 주어져 있다는 의미이다. 예를 들어 사진을 보

고 개와 고양이를 구분한다고 할 때 개의 사진에는 '개'라는 정답(라벨),
고양이 사진에는 '고양이'라는 정답이 있다는 뜻이다. 이렇게 라벨링된
다양한 사진을 학습해 사진의 특징과 '정답'을 맵핑하는 방법을 학습하
고, 라벨이 없는 새로운 데이터가 주어졌을 때 '개'인지 '고양이'인지와
같은 정답을 맞히는 것이 지도 학습이라고 할 수 있다. 지도 학습은 다
시 앞선 예와 같이 데이터를 분류(classification)하거나 데이터의 특징을
토대로 값을 예측하는 회귀(regression)로 나뉜다. 이러한 지도 학습을
위해서는 라벨링된 데이터가 필요하지만, 수많은 데이터에 라벨링하는
일은 현실적으로 시간과 비용이 무척이나 많이 필요하다. 이러한 문제
를 보완하고자 라벨링된 데이터와 라벨링되지 않은 데이터를 동시에 사
용해서 모형을 만드는 준지도 학습 방법이 등장했다. 비지도 학습은 정
답이 없는 데이터를 통해 학습하는 방식이며, 대표적으로 유사한 데이
터끼리 묶는 클러스터링이 있다. 강화 학습은 ('에이전트'라고 불리는) 학
습하는 시스템이나 개체가 환경을 관찰하고, 행동하고, 보상을 확인하
는 일련의 사이클을 반복하며 보상을 최대화하거나 손실을 최소화하
는 등의 행동을 '강화'시켜 주어진 환경에서 최적의 전략을 결정하는 학
습 방법이다.

　최근 가장 주목받는 기계 학습은 퍼셉트론 알고리듬으로부터 시작
된 심층 신경망(deep neural network)을 기반으로 하고 있다. 초기 퍼셉
트론은 AND와 OR 연산은 가능했지만 XOR 연산이 불가능했기 때문
에 사장될 뻔했으나, 퍼셉트론을 여러 층으로 쌓아 XOR 연산이 가능함
이 밝혀짐으로써 다시 가능성이 열렸다. 이후 다층 퍼셉트론을 어떻게

학습시킬지에 대한 문제가 있었는데, 출력층의 오차에 대한 정보를 앞선 층으로 전달해 오류를 보정하는 역전파(back-propagation) 알고리듬의 개발로 해결되었다. 현재 우리가 접하는 인공 지능은 거의 대부분 이러한 심층 신경망 기반 기계 학습, 소위 딥 러닝(deep learning)이다. 심층 신경망의 구조는 입력층(input layer)과 출력층(output layer) 사이에 다중의 은닉층(hidden layer)으로 구성되어 있다. 딥 러닝은 주어진 데이터의 입력과 출력 사이의 비선형적 관계를 학습함으로써, 스스로 결과를 예측하거나 데이터를 분류할 수 있는 것이다.

그러나 CPS와 같은 복잡한 물리적 시스템에는 단일 인공 지능 알고리듬만으로는 정확도가 많이 떨어진다. 물리적인 시스템마다 수집되는 데이터 유형이 너무 다양해, 수천 가지 이상의 다양한 인공 지능/기계 학습 알고리듬이 실제 시스템에 탑재될 수 있도록 현재도 다양한 테스트가 진행 중이다.

이러한 현상은 과거 『동의보감(東醫寶鑑)』을 저술한 허준(許浚)을 다시금 떠올리게 한다. 인간의 질병에 따라 약 처방을 내리고, 음식이나 약물 간 궁합 관계를 밝힌 『동의보감』은 엄청난 양의 실질적인 임상 시험을 바탕으로 만들어진 것이다. CPS 기술이 적용되는 사이버 물리 시스템에서도 수집되는 데이터에 따라서 어떠한 상황인지를 파악하고, 어떠한 조치가 필요한지 연구하는 인공 지능 알고리듬은 아마도 허준이 『동의보감』을 쓰는 일과 비슷할 것 같다.

인공 지능 연구 중에 중요한 부분 중의 하나가 컴퓨팅 처리 능력이다. 1950년대에 최초로 AI 기술이 연구된 이후 1990년대까지도 주목을 받지 못한 결정적 요인이 바로 방대한 데이터 수집과 함께 알고리듬 처리 성능 문제 때문이었다. 이후 1990년대 말에 IBM에서 딥 블루를 사용해 처음으로 인공 지능 알고리듬을 탑재하는 데 성공했다. 이후 구글에서 텐서(tensor)라고 부르는 논리적인 객체에 대해 데이터를 병렬 처리할 수 있는 TPU를 개발해서 인공 지능 처리 성능이 획기적으로 올라갔다. 또한 엔비디아(Nvidia)에서는 영상 처리에 사용하던 그래픽 처리 장치(graphics processing unit, GPU) 모듈을 인간의 신경 세포 구조와 비슷하게 변경해 인공 지능 알고리듬의 성능을 대폭 향상했다. 여기에 GPU를 구동하는 소프트웨어의 소스 코드까지 개방하자 엔비디아는 단숨에 인공 지능에서 선두권 기업으로 성장했다. 즉 슈퍼컴퓨터가 없어도 TPU나 GPU를 활용하면 인공 지능 알고리듬을 구동할 수 있다. 개인용 컴퓨터 정도의 가격만으로도 누구나 인공 지능 알고리듬을 시험할 여건이 마련된 것이다.

그런데 스마트 도시, 스마트 교통망 및 스마트 그리드 등에 인공 지능을 적용하기 위해서는 중앙 집중화된 대형의 컴퓨팅 환경이 아니라, 지리적으로 분산된 환경에서 수천~수만 개 이상의 센서로부터 데이터를 수집할 수 있는 조그만 임베디드 컴퓨팅 칩이 훨씬 효과적이다. 현재 라즈베리파이(Raspberry Pi)같이 조그만 모듈에도 TPU나 GPU 같은 인공 지능 칩을 탑재할 수 있는 기술이 개발 중이다. 자율 주행 자동차 정도만 해도 수백 개 이상의 소형 인공 지능 칩을 넣을 수가 있다. 향후 수백 개의 인공 지능 칩을 탑재해 기술을 미리 학습하면, 비록 경험이 없는 초보자라고 하더라도 인공 지능 알고리듬이 탑재된 대형 비행기나 초고속 열차를 생명의 위험 없이 운전할 수 있다.

빅 데이터　빅 데이터는 일반적으로 3V, 즉 양(volume)과 속도 (velocity), 종류(variety)로 정의되며, 원래는 양이 매우 많고, 그 형식이 다양하며, 생성 속도가 매우 빨라서 새로운 관리/분석 방법이 필요한 데이터를 의미한다. 최근에는 다양한 분야, 다양한 기기로부터 수집된 방대한 데이터를 분석해 새로운 가치를 찾아내는 기술로 '빅 데이터'라는 단어의 의미가 확대되어 쓰이고 있다.

가트너 사는 데이터를 21세기의 원유에 비유하며 데이터가 미래 경쟁 우위를 좌우하리라고 예측했다. 정제 과정을 거쳐 아스팔트, 윤활유, 등유, 경유, 휘발유, 가스 등을 생산하며 유용한 가치를 지니게 되는 원유처럼 데이터도 적절한 분석 과정을 거쳐 가치 있는 정보나 지식을 생산해 낼 수 있다.

최근 모바일 데이터 트래픽과 클라우드 컴퓨팅 트래픽의 증가에 따라 가치를 창출 가능한 데이터가 폭증하고 있다. 이와 더불어 여러 산업 분야에서 디지털화가 진행되고, 네트워크가 고도화되고, 스마트폰과 센서 등 관련 기기가 소형화되고, IoT 시장도 활성화됨에 따라 스마트폰 사용자의 정보뿐만 아니라 소형화된 IoT 센서로부터 방대한 데이터가 수집되고 있다. 실제로 IDC는 IoT 장치가 2025년에 79.4제타바이트의 데이터를 생산하고, 전 세계 데이터양은 175제타바이트로 증가할 것으로 예측한다. 빅 데이터를 활용한 정보의 생산과 활용이 더욱 중요해지는 상황이다.

데이터는 그 종류에 따라 정형 데이터(structured data), 반정형 데이터(semi-structured data), 비정형 데이터(unstructured data)로 분류할 수 있다. 정형 데이터는 단순한 형태로 고정된 필드에 저장된 데이터로서 미리 정해진 형식과 구조에 맞게 저장되어 수치만으로도 의미 파악이 쉬운 데이터들이다. 예를 들어 나이(age) 필드에 20이나 30이라는 값이 있으면 그 숫자만으로도 사용자의 나이가 몇 살인지를 쉽게 인식할 수 있다. 정형 데이터는 SQL과 같은 관계형 데이터베이스나 엑셀과 같은 스프레드시트처럼 정해진 형식과 구조를 바탕으로 특수 상황이나 전문 기술 분야에서 데이터의 검색, 선택, 갱신, 삭제 등의 연산을 수행해야 하는 정형화된 서비스에 사용된다.

한편 반정형 데이터는 일반적인 데이터베이스는 아니지만 스키마(schema), 즉 데이터베이스에서 자료의 구조, 표현 방법, 자료 간의 관계를 형식 언어로 정의한 구조를 가지는 데이터이다. 즉 테이블의 행과 열처럼 고정된 양식은 없지만 어느 정도 구조가 정해져 있는 데이터를 말한다. 대표적인 예로 우리가 웹페이지에 사용하는 HTML이나 XML, JSON과 같은 형태의 데이터를 들 수 있다. 반대로 비정형 데이터는 정해진 구조가 없고 일반적인 데이터베이스 연산을 수행할 수 없는 데이터로서 데이터 값만으로는 의미 파악이 어려운 데이터를 말한다. 일반적으로 비디오, 이미지, 오디오, 감지 데이터, 소셜 네트워크 데이터 등이 여기에 포함되며, 빅 데이터는 대부분 이렇게 형태가 정해지지 않은 비정형 데이터로 그 수가 차츰 증가하는 추세이다.

반정형, 비정형 데이터처럼 기존의 범위를 넘어서는 다양하고 많은 빅 데이터를 다루기 위해서는 데이터 저장 기술이 꼭 필요하다. 가장 유명한 저장 기술로 더그 커팅(Doug Cutting)의 오픈 소스 프로젝트 하둡(Hadoop)을 들 수 있는데, 비정형 데이터를 관리하는 데 뛰어나다. 하둡은 대용량 데이터 분산 처리를 위한 프레임워크로서, 여러 개의 서버를 하나의 서버처럼 묶어서 데이터를 저장하고 처리할 수 있게 해 준다. 하둡은 오픈 소스라서 라이선스 비용 부담이 없고, 저렴한 구축 비용과 빠른 데이터 처리 능력 때문에 현재 아마존, 페이스북, 네이버, 다음 등 많은 기업에서 사용되고 있다.

빅 데이터에는 저장 기술뿐만 아니라 정확하게 분석하기 위한 기술도 반드시 필요하다. 대표적으로 마이닝 기법을 들 수 있는데, 이름 그대로 광산에서 광물을 캐내듯이 빅 데이터에서 숨겨진 패턴과 관계 등을 파악해 의미 있는 정보를 추출하는 기법이다. 대표적인 마이닝 기법으로 텍스트 마이닝, 오피니언 마이닝, 웹 마이닝, 소셜 네트워크 분석이 있다. 텍스트 마이닝은 대규모의 텍스트에서 의미 있는 정보를 추출하는 것으로서, 분석 대상이 비구조적인 텍스트 데이터라는 점에서 데이터 마이닝과 차이가 있다. 분석 대상이 형태가 일정하지 않고 다루기 힘든 비정형 데이터이기 때문에 인간의 언어를 컴퓨터가 인식해 처리할 수 있는 자연어 처리(natural language processing, NLP)와 관련이 깊다. 오피니언 마이닝이란 웹 사이트나 SNS에서 특정 주제에 관한 여론이나 정보를 수집하고 분석해 결과를 도출하는 기술로서 대중의 의견이나 감정 등을 분석할 수 있다. 예를 들어 기존에는 사용자들이 쇼핑몰에서 상품평과 평가 점수를 따로 주었어야 했다면, 오피니언 마이닝을 활용했을 때는 사용자의 상품평을 분석해 자동으로 평가 점수나 사용자 만족도를 분석해 낼 수 있다. 웹 마이닝은 웹 로그 정보나 검색어 정보로부터 유용한 정보를 추출하는 데이터 마이닝 기술로서 일반적으로 사용자의 취향을 이해하고 특정 웹 사이트의 효능을 평가해 마케팅에 활용된다. 특히 웹 콘텐츠 마이닝은 웹 페이지에 저장된 콘텐츠에서 사용자가 원하는 정보를 빠르게 찾아 주는 기법으로 주로 검색 엔진에서 많이 사용되는 기법이다. 소셜 네트워크 분석은 SNS상에서 영향력 있는 사람이나 데이터 등 객체 간의 관계나 관계의 특성을 분석하고 이를 시각화하는 기술이다. 소셜 네트워크는 노드(node)와 링크(link)의 조합으로 이루어지며, 다양한 형태의 네트워크 구조가 만들어진다. 이렇게 만들어진 네트워크 구조에서 많은 링크를 가지고 있는 연결 정도 중심성, 다른 노드 사이를 매개하는 역할을 하는 매개 중심성, 가장 최단 경로를 통해 모든 노드로 연결되는 근접 중심성 등을 파악해 영향력자와 매개자를 찾아낸다. 이 기술은 빅 데이터 외에도 전염병 전파 경로 파악과 차단, 범죄 수사, 조직 분석, 제약 연구 등 여러 분야에서 응용되고 있다.

지금까지 빅 데이터 처리 기술과 분석 기술을 간단하게 살펴보았지만, 빅 데이터가 가장 큰 효과를 발휘할 분야는 바로 인공 지능이다. 기계 학습과 딥 러닝을 포함하는 인공 지능은 수집된 데이터를 학습해 결과를 예측하거나 데이터를 분류하기 때문에 빅 데이터와 뗄려야 뗄 수 없는 관계이며, 빅 데이터는 인공 지능의 가장 기본이 되는 자원이다. 때문에 앞서 빅 데이터를 정의한 3V에 타당성(validity)과 신뢰성(veracity)이 추가되어 5V라는 용어가 등장했다. 타당성은 올바른 데이터를 의미하고 신뢰성은 신뢰 가능한 데이터를 의미하는데, 빅 데이터가 올바르고 신뢰 가능한 데이터를 제공해야 이를 통해 학습하는 인공 지능의 성능을 보장할 수 있게 된다. 하지만 역설적으로 빅 데이터의 타당성과 신뢰성을 위해 AI 기술이 활용되기도 한다. 이렇게 인공 지능과 빅 데이터는 상호 관계에 있다고 볼 수 있다.

3. CPS 플랫폼 구현의 기술적 고려 사항

앞서 설명한 컴퓨팅, 네트워크, AI와 빅 데이터, 인터페이스 역할을 하는 새로운 도구들까지 각 분야의 기술이 끊임없이 발달하고 고도화되고 있고, 해당 기술들은 서로 융합되어 서비스되며 시너지 효과를 내고 있다. 그에 따라 그 접점에 있는 사이버 물리 공간의 구현과 현실화도 점점 더 가까워지고 있는 것으로 보인다. 다만 단순히 기술 발전만으로는 일반 대중에게까지 닿을 기술 상용화와는 간극이 존재한다. 실제 사이버 물리 공간이 효과적으로 구축되기 위해서 CPS의 기본적인 속성과 기술들이 융합되어 서비스될 때 가장 중요하게 고려되어야 하는 이슈들에 대해 알아보자.

안정성

물리적인 시스템의 신호 정보가 사이버 컴퓨팅 시스템에 연결될 때 정보의 오류나 전송 오류로 인한 문제가 발생할 수 있다. 예를 들어 물리 시스템의 오류로 새로운 정보가 업데이트되지 않을 수도 있고, 사이버 시스템의 오류로 물리 시스템의 정보가 제대로 반영되지 않거나 과부하로 연산 시간이 늘어나 제때 계산되지 않을 수도 있다. 또한 사이버 물리 시스템 간의 정보 전달을 담당하는 네트워크의 오류로 전송이 지연되거나, 전달상의 오류가 발생할 수도 있다. 서로 긴밀하게 연동되고 정보가 동기화되어야 하는 사이버 물리 시스템의 특성상 이러한 오류는 치명적일 수 있다. 따라서 시스템의 오류가 발생하더라도 크게 영향을 받지 않고 동작할 수 있도록 안정성(reliability)을 확보하는 방안이 필수적이다.

이를 위해서는 물리 시스템의 오류를 감지할 추가적인 시스템이 필요하다. 사이버 시스템으로부터 수신한 동작 정보대로 물리 시스템이 잘 수행되었는지, 물리 시스템의 작동기 동작에 오류가 없는지 모니터링이 필요하다는 뜻이다. 이는 물리 시스템에 센서를 추가해 이용할 수도 있고, 물리 시스템 쪽에서 직접 간단한 인공 지능을 구현해 오류를 예측하거나 모니터링할 수도 있다. 사이버 시스템에서 일어난 오류 때문에 물리 시스템으로 동작 명령 전달이 중단되거나 늦어지는 경우도 고려되어야 한다. 사이버 시스템의 오류나 지연은 대체로 프로세싱 과부하와 관련이 있다. 따라서 과부하가 생기지 않도록 클라우드/엣지 컴퓨팅 자원을 효율적으로 활용하는 태스크 오프로딩(task offloading) 기술과 부하 분산 기술 등의 기존 솔루션을 통해 문제를 미연에 방지해야 한다.

네트워크 지연이나 전송 오류에 따른 문제를 방지하기 위해서는 네트워크 경로 이중화를 하거나, 상황에 따라 지능적으로 트래픽 부하 분산을 수행할 수 있도록 엔지니어링 기술과 인공 지능 알고리듬을 결합해야 한다. 또한 일시적인 네트워크 접속 불량이 발생하더라도 일정 기간 독자적으로 오프라인 모드로도 운영 가능하도록 해야 한다. 네트워크 장애로 정보가 손실되거나 오류가 발생할 경우를 대비해 정보 전송 경로를 다중화할 필요가 있고, 중복 데이터가 수신될 경우에도 이를 제거하거나 데이터 오류를 해결할 수 있는 알고리듬이 필요하다.

디지털 미디어 표준

세계 각국은 고유의 언어를 사용하지만, 국제 기구에서는 영어를 비롯한 몇 가지의 세계 공용어를 활용해 소통한다. 국가 간 물질이나 서비스의 교환을 용이하게 하고 지적·과학적·기술적·경제적 활동에서 협력을 증진하기 위해 국제 표준(international standard, IS)을 제정하기도 한다. 마찬가지로 전 세계가 연결된 사이버 환경에서도 원활한 소통을 위해서는 통일된 언어와 규격이 필요하다. 사이버 공간에서 소통되는 항목인 문서, 영상, 음성 및 이미지 등의 모든 미디어 형식이 표준화의 대상이 된다.

유념해야 할 것은 표준화와 획일화를 동일시해서는 안 된다는 점이다. 물리적 특성이 제거된 공간 내에서 단순히 이름 하나로 자료에 접근하기에는 중복되는 개체가 너무나 많을 수 있다. 사이버 공간 속 '김철수'가 앞집에 사는 친구 김철수인지는 모르는 일이며, 우리 아파트에만 같은 기종을 사용하는 가정이 수십 집이 넘는다면 사이버 공간에서 우리 집의 냉장고 데이터를 찾는 것 또한 쉽지 않다. 표준화된 미디어 형식에서도 사물, 기계 장치나 소프트웨어 패키지를 구분할 수단은 있어야 한다. 세부적으로는 해당 제품의 소유권을 명확히 하고 설치 위치를 비롯한 특성을 개별적으로 확인할 수 있어야 하며, 때로는 타인에게 그 소유권을 양도하는 일 또한 가능해야 한다. 그렇다고 냉장고에 번호를 붙인다면 시리얼 번호를 기억할 사람이 과연 몇이나 될까? 확인 과정은 어렵지 않으면서도, 타인의 악의적 접근을 추적하고 막을 방법은 있어야 하기에 구분 수단을 만들기란 쉽지 않은 일이다.

새로운 장치와 미디어를 만드는 사람은 사용에 필요한 도구나 정보를 어떻게 표준화해 배포할 것인지 많은 고민을 거쳐야 한다. 앞으로 등장할 가상 현실이나 혼합 현실에 대한 3차원 미디어 형식에도 표준화는 필요하다. 문제는 사이버 공간에서 접근 가능한 사람, 사물, 소프트웨어, 문서, 영상, 음성 미디어는 현재에도 셀 수 없이 많고, 매년 새로운 시스템과 미디어 형식이 등장하는 상황에서 국제 기구가 모든 형식을 표준화하기란 불가능하다. 현재까지 대부분의 미디어 형식과 소프트웨어가 웹 환경에서 소통이 된다는 것이 그나마 다행스러운 일이다. 웹 환경에서 소통이 되지 못하고 있는 미디어 형식은 멀지 않은 시기에 사라지거나 소수의 폐쇄된 생태계에서만 살아남게 될 것으로 보인다. 많은 사람의 불편을 최소화하기 위해서는 사이버 생태계에 존재하는 모든 객체의 접근과 연결 방식에 대한 합의에 기반을 두어야 할 것이다.

데이터 형식 표준과 공유

학교나 회사에서 문서를 다루다 보면 자유 형식만큼이나 어려운 것이 없다. 이때 우리는 보통 유사한 문서를 참고한다. 새로운 전자 기기를 손에 넣었을 때도 우리는 유사한 기기를 떠올리며 조작을 시도하기 마런이다. 물론 사용 설명서를 찬찬히 읽어 본다는 선택지도 있지만, 제품을 버릴 때까지 설명서 첫 장도 넘겨보지 않는 사람이 대부분일 것이다. 어떠한 시스템(하드웨어나 소프트웨어)이 조작 방법을 친절하게 알려 주거나 설명서를 꼭 읽으라고 명령하기 어렵다면, 과거에 다루어 본 경험이 있는 다른 시스템과 비슷하게 작업할 수 있도록 적어도 사용자가 평소 습관대로 사용할 수 있게 해야 할 것이다. 소프트웨어 동작 알고리듬보다도 사용자가 어떠한 사용 환경에서도 쉽게 적응할 수 있도록 안내하는 것이 더욱 중요하다. 또한 버그가 있을 경우 버전 업데이트를 쉽게 가능하도록 하는 등 문제를 피해 갈 방법을 탑재해 두어야 한다.

최근 모든 IoT 기기는 JSON(Javascript object notification)이라는 형식으로 정보를 표현하도록 표준화되었다. JSON 데이터 표준을 따르면 복잡도에 상관없이 IoT 기기 상태를 알 수 있고, 원격 제어가 가능하다. JSON 형식은 과거에 많이 사용하던 C/C++이나 파이썬(Python) 등과 같은 프로그래밍 언어에서 사용하는 데이터 형식과 거의 동일하기 때문에 현재 사용되는 거의 대부분의 프로그램 언어에서 쉽게 수용 가능하다는 장점을 가진다. 다만 사물 기기 각각에 대한 상태의 파악과 제어를 위한 정보 외에, 연결된 다른 기기와 데이터 정보를 교환하거나 주기적·간헐적으로 입력되는 시계열 데이터를 담아 두기에는 충분치 못하다. 수많은 IoT 기기로부터 실시간으로 수집되는 데이터를 바탕으로 전체 시스템이 작업 절차에 따라 잘 운영되고 있는지를 파악할 수 있어야 하는데, 이와 관련한 데이터 모형은 아직 표준화되어 있지 않다. 그뿐만 아니라 특정 IoT 기기에 제어 명령을 전달하기 위해서는 인공 지능 알고리듬 탑재가 가능한 데이터 모형이 추가로 필요하다.

현재 많이 연구되고 있는 디지털 트윈 시스템에서는 각 사가 자체적으로 만든 데이터 모형에 따라 데이터를 수집하고, 제어 명령을 전달한다. 즉 통일된 표준이 없이 자체적으로 시스템을 모니터링하고 제어하는 내부 절차를 가지고 있다. 자동차 조립 공장처럼 수많은 기기를 동시에 실시간으로 정교하게 타이밍을 맞추어서 제어하는 경우에는 모든 기기가 정확한 시간이 포함된 시계열 정보를 기반으로 다른 기기와 상호 작용해야 한다. 기존의 공장에서는 실시간 처리를 위해 나름의 독자적인 방식을 가지고 있지만, 수많은 기기로 구성된 사이버 물리 시스템에서는 통일된 표준 체계가 있어야 불필요한 변환 작업을 줄일 수 있다.

앞으로는 사용자 환경과 운영 관리 및 개발 환경을 동시에 고려해서 설계하지 않으면 실질적인 상황에 적용하기가 어려울 것으로 보인다. 소프트웨어가 전체 시스템 안에서 수많은 다른 소프트웨어나 하드웨어 장치와 연결되어 구동되는 상황에서는 운영 관리 체계에서 해당 기능을 쉽게 수용할 수 있도록 설계해야 한다. 응용 분야에 따라 시스템 동작 절차가 다른 경우에는 표준화하기는 어렵지만, 최소한의 합의는 있어야 유사한 시스템이나 새로운 기기를 결합해 운영 방식을 통일할 수 있다. 이후 운영 과정에서 주변 상황의 변화에 따라 운영 파라미터를 조절하는 방식의 설계가 필요하다. 더 나아가 향후 시스템 운영 경험이 축적되기 위해서는 작업 절차(workflow) 데이터 모형까지도 표준이 제정되어야 한다. 표준화된 데이터 모형은 한 시스템에서 축적된 경험을 유사한 다른 시스템에 탑재하는 것이 가능하다. 기존에 설치된 전기 자동차 충전 시스템의 운영 노하우는 다른 곳의 전기차 충전 시스템에 그대로 탑재될 수 있고, 자율 주행차의 운행 경험을 다른 자율 주행차에 탑재하면 신규 출고된 자동차도 마치 숙련된 운전자처럼 운전할 수 있다. 이러한 경험의 축적은 인공 지능과 함께 더욱 가속화될 수 있으며, 동일한 시스템 체계를 구축한다면 인공 지능의 초매개변수, 하이퍼파라미터(hyperparameter)를 받아서 모든 시스템의 학습 경험 데이터를 활용할 수 있을 것이다.

트러스트

CPS 기술은 물리적인 시스템과 사이버 기능 간에 보안(security), 개인 정보 보호(privacy), 안전(safety), 신뢰성(reliability) 및 탄력성(resilience) 기술뿐만 아니라 사이버 물리 생태계 구축, 운영 관리 및 사용 측면에서 적절한 신뢰가 있어야 한다. CPS 생태계에서는 환경에 따라 수만 개 이상의 센서 개체와 수백 종 이상의 센서 데이터 유형이 적용될 것으로 예상된다. 수집된 데이터 유형에 따라 인공 지능 알고리듬이 적용된 지능형 운영 관리가 필요하며, 문제 영역(domain)에 맞는 최적의 운영 경험을 공유하고, 누적된 학습을 통해 긴급 상황 발생에 대처하기 위해서는 데이터 분석을 통한 지능형 운영 관리가 필요하다. 이러한 지능형 운영 관리에는 AI 기술이 기반이 되는데, 데이터 오류나 의도적으로 가공된 데이터를 기반으로 인공 지능 알고리듬이 학습된다면 CPS 시스템 전체가 위협받게 된다. 따라서 생성된 데이터를 신뢰할 수 있는지 정확하게 평가할 방법이 꼭 필요하다. 비단 생성된 데이터뿐만 아니라 CPS가 적용된 문제 영역 내에서 데이터를 생성하는 기기, 사용자, 서비스의 복합적인 관계를 기반으로 신뢰성 요소를 추출할 필요가 있다.

또한 문제 영역 내의 수많은 기기와 이해 관계자가 혼재된 상황에서 다양한 문제점을 파악하기 위해서는 인공 지능 알고리듬에만 의존할 수가 없고, 신뢰성을 기반으로 CPS 생태계의 자원을 운영·관리해야 한다. 그러나 적용되는 문제 영역에 따라 운영 방식이 상이하기 때문에 기존의 정보 통신망처럼 통일된 운영 방식을 통한 신뢰 확인 절차는 CPS 플랫폼 같은 복합적인 시스템에는 적용하기 쉽지 않다. 따라서 CPS 환경에 맞는 새로운 형태의 신뢰성 절차에 대한 고민이 필요하다.

실시간성

CPS에서 순간에 좌우되거나(time-sensitive) 실시간성을 요하는 서비스를 위해서는 수 밀리초 이내의 제어가 필요하다. 특히 교통이나 에너지 산업에서는 긴급하게 대응하지 않으면 대형 사고나 블랙아웃이 발생할 가능성이 있기에 치명적이다. 서비스의 지연 시간에 가장 큰 영향을 주는 요소는 네트워크 전송 지연과 컴퓨팅 프로세싱 지연이다. 네트워크 기술이 발달하면서 지연 시간을 줄이고자 하는 노력은 꾸준히 계속되고 있다. 이미 5G 네트워크에서 초저지연 서비스를 위한 요구 사항이 정의되어 있지만, 실제로 종단간 초저지연 서비스를 하기란 물리적으로 어려움이 있다. 그럼에도 실시간성을 지원하기 위해서 해당 서비스에 높은 우선 순위를 두거나 특별한 채널을 따로 두어 초저지연을 보장하도록 해야 한다.

지연 시간을 낮추기 위해서는 사이버 시스템과 물리 시스템을 물리 적으로 가깝게 해야 하며, 이러한 목적으로 등장한 기술이 엣지 컴퓨팅 이라고 할 수 있다. 그러나 컴퓨팅 자원이 물리 시스템에 가까워지고 분 산되면서 사이버 시스템의 컴퓨팅 성능이 중앙 클라우드 서버보다 상대 적으로 저하될 수밖에 없으며, 이는 컴퓨팅 프로세싱 지연 시간의 증가 로 이어질지도 모른다. 병렬 처리는 이러한 문제를 줄일 솔루션이 될 수 있다. 주어진 작업을 더 작은 작업으로 나누고, 주변의 엣지 컴퓨팅 자 원을 활용해 병렬로 처리한다면 프로세싱으로 인한 지연 시간을 줄일 수 있을 것이다.

또한 AI 기술은 그 성능이 높아지고 정밀해지기 위해서는 복잡한 연산을 수행해야 한다. 즉 성능 좋은 AI 기술은 컴퓨팅 프로세싱 지연 시 간을 증가시킨다. 특히 엣지 컴퓨팅과 같은 상황에서 이러한 문제는 더 심각해질 것이다. 따라서 실시간 서비스를 지원하기 위해서는 가벼운 성 능을 필요로 하는 인공 지능 기술을 적용해야 한다.

동기화

사이버 물리 시스템 간의 동기화 사이버 물리 공간의 특징은 사이버 시 스템과 물리 시스템 사이의 상호 작용이라고 볼 수 있다. 물리 시스템에 서 어떤 작업을 수행하면 그 수행 내용과 결과가 바로 사이버 시스템으 로 전달되어 반영되어야 한다. 마찬가지로 사이버 시스템에서 물리 시 스템의 작업 내용을 바탕으로 새로운 결정을 내리면 그 내용이 물리 시스템에 전달되어 해당 작업을 수행해야 한다. 이렇듯 사이버 물리 공간에서 원활한 작업이 수행되기 위해서는 물리 시스템과 사이버 시스템의 상태 정보가 항상 동기화되어 있어야 한다. 그러나 앞서 '안정성'에서도 다루었듯이 시스템, 네트워크의 오류나 지연 등으로 동기화가 불가능한 상황이 발생할 수도 있다. 이러한 상황을 대비하고 사이버 시스템-물리 시스템 사이의 동기화를 보장할 수 있는 기술에 대한 고민이 필요하다.

분산 컴퓨팅의 동기화   CPS에서 활용되는 IoT 기기의 수는 앞으로도 폭발적으로 증가할 것으로 예상된다. 수많은 IoT 기기를 하나씩 직접 관리하는 일은 거의 불가능하기에, 기기의 특성이나 기능별로 그룹을 묶거나 군집을 만들어서 관리하는 것이 가장 현실적인 접근 방법일 것이다. 다수의 IoT 기기나 군집을 관리하기 위해서는 자연스럽게 분산 컴퓨팅 환경이 접목될 수밖에 없다. 분산 컴퓨팅 환경에서 IoT 기기나 군집이 공통의 목표를 위해 서로 다른 동작을 수행하면서 자율적으로 협업을 수행하기 위해서는 작업 수행의 타이밍이 잘 맞아야 할 것이다. 특히 실시간성이 강한 작업의 협업에서는 타이밍 동기화가 필수적이다. 그러나 작업 수행 시간을 정확히 측정할 수 없으므로 실시간 타이밍 동기화는 불가능하다. 현재 기술로 타이밍을 맞추기 위해서는 트리거링 방식으로 동작할 수밖에 없다. 즉 A, B, C 작업을 순차적으로 진행할 경우, A 작업이 끝나면 B 작업을 트리거하고, B 작업이 끝나면 C 작업을 트리거하는 식으로 동작하는 식이다. A, B, C 작업을 병렬적으로 수행하는 상황에서는 A, B, C 작업 중 가장 마지막에 끝나는 작업이 기준이 되어 이후 다른 작업이 수행될 것이다. AI 기술로 작업 수행 시간을 정확히 모델링하거나 예측할 수 있다면, 작업 간의 실시간 동기화가 가능해진다. 또한 순차적/병렬적 작업이 복잡하게 얽힌 임무를 수행할 때, 작업 시간의 정확한 예측을 통해 임무 스케줄을 최적화해 수행할 가능성도 열릴 것이다.

인간 상호 작용

CPS 기술은 상황을 모니터링하고 동작 제어를 하기 위해 자동화된 인공 지능 알고리듬이 있어도, 최적 의사 결정을 위해서는 인간과 상호 작용(human Interaction)이 꼭 필요하다. 이러한 상호 작용은 사용자가 언제 어디서든 쉽게 접근할 수 있어야 한다. 쉽게 생각할 수 있는 접근 방법은 PC, 휴대 전화, XR 같은 도구들이다. 이러한 모든 단말기에서 구현 가능한 웹 기반의 인터페이스가 가장 유력한 상호 작용의 창구가 될 수 있다. 또한 상호 작용은 사용자가 시스템에 대해서 잘 알지 못하더라도 쉽게 사용할 수 있어야 한다. 시스템이 아무리 복잡하고 다양한 기술들이 복합적으로 이루어져 있다고 하더라도, 사용자가 그것을 전부 알아야 할 필요는 없다. 사용자가 시스템의 의사 결정을 하기 위해서는 사용법이 최대한 직관적이어야 하고, 그렇지 않더라도 사용법을 유도하거나 도와줄 AI 기술이 필수적이다.

맺음말
사이버 물리 공간에서 살아남기

이제까지 우리는 사이버 물리 공간을 알아보고 이에 따른 패러다임의 전환을 바탕으로 산업의 변화를 비롯한 전반적인 미래상을 그려 보았다. 인간이 늘 미래를 알고 싶어 하는 까닭은 다가올 미래에 미리 대비하기 위함이다. 다가오는 변화의 흐름 속에서 우리는 어떻게 해야 '잘' 살아남을 수 있을까? 맺음말에서는 그 고민에 대해 다루어 보려 한다.

1. 미래 경험 생태계를 맞이하기

미래 경험 생태계를 이야기하기에 앞서 생태계의 가장 중요한 요소인 인간을 들여다보자. 인간은 생태계를 이끌어 가는 주체로서 생태계 내에서 각기 다른 개인의 삶을 살아간다. 살아간다는 것, 혹은 '삶'은 기본적으로 생존의 문제이다. 자신을 둘러싼 자연 또는 환경으로부터 생존하기 위해, 사회적 동물인 인간은 농사를 잘하는 사람, 사냥을 잘하는 사람, 손재주가 좋은 사람, 예술적인 사람, 사람을 잘 다스리는 사람으로 역할을 나누어 왔다. 사회화의 결과로 생존의 영역이 생명에 국한되지 않고 삶의 질적인 부분을 포함하게 되었을 때, 인간은 환경뿐만 아니라 사회에서 도태되지 않기 위해 다양한 능력을 필요로 했다. 시간에 따라 생존의 수단은 변화해 왔지만, 국가와 기업, 개인 간의 생존 경쟁은 계속 반복되고 있다.

이제까지의 산업 생태계 속에서 기업이든 개인이든 우리 사회가 요구하던 것을 한 단어로 표현하자면 '생산성'일 것이다. 즉 산업적 생산성과 이를 뒷받침하는 개인의 생산성을 말한다. 더 높은 생산성에 국한되지 않고 기업이 경쟁 전략이라는 것을 고민하기 시작한 시점은 전쟁 이후 남아도는 물자가 소비되지 않으면서부터이다. 소비자가 원하는 것을 판매하기 위해 경쟁하는 일은 현대 경영에서는 매우 기초적인 항목이 되었다. 마찬가지로, 개인 또한 사회에서 요구하는 항목을 전략적으로 갖추려 고민한다.

우리는 삶의 목표를 다시 생각해 볼 시점에 놓여 있다. 현재를 살아가는 젊은 세대는 돈을 위해 고통스러움을 감내하는 일을 점점 더 기피하는 상황이다. 이들이 그저 나약하기 때문은 아니며, 그저 그렇게 할 필요를 느끼지 못할 뿐이다. 노동의 과정에서 즐거움을 찾고, 이를 삶의 의미와 연결하는 것은 자연스러운 일이 되어 가고 있다. 생산이 가치로 연결되는 사회에서 살아왔던 세대는 이해하기 어려울지도 모른다. 그러나 더 이상 생산은 그 자체만으로 가치를 창출하지 못하며, 그렇기에 생산성이 낮은 사람이 사회에서 도태될 필요도 없다. 결론적으로 사람들이 살아가는 모습은 과거의 그것과는 매우 달라질 것이다. 인간의 기본적 삶의 원칙은 동일하더라도 살아가는 모습이나 생각하는 방식은 많은 부분 바뀔 수밖에 없다.

그렇다면 앞으로 다가올 미래 경험 생태계에서 사회가 요구하는 것은 무엇일까? 수백만 명 이상이 연결되고, 서로 얼굴을 모르는 사람과도 상거래가 일상화되며, 이름조차 모르는 사람들과 여가의 경험을 공유한다. 전 세계를 연결하는 네트워크는 만나는 사람의 숫자와 지리적 공간의 제약을 극복하게 한다. 사람들의 만남에서 전해지던 창작 자료들은 이제 제약 없이 상호 교환되고 있으며, 과거의 자료들을 이해할 수 있는 도구를 통해 시간적 제약마저 넘나들고 있다. 나아가 인간이 만들어 내는 사물들까지도 하나의 객체가 되어 인간과 연결되고 있다. 종합하자면, 미래 지식 생태계에서 우리는 70억 인간에 더해 1000억 개에 육박할 물리 시스템, 100억 개 이상의 인공 지능 소프트웨어와 대화할 준비를 해야 한다. 이제까지의 인류는 이렇게 많은 개체와 상호 작용하며 하나의 사회를 이룬 적이 없었기에 생태계가 자리 잡기까지 많은 부침을 겪을 수 있다. 더 큰 사회에서 상호 간의 위계를 생각하기보다는, 그 대상이 무엇이든 상호 경험을 공유하고 같은 생태계를 살아가는 동반자로서 서로의 역할을 고민할 필요가 있다.

2. 미래의 산업, 기업 생태계에서 살아남기

100여 년 전만 하더라도 대한민국에서 자녀는 그 자체로 자산이었다. 양육비 부담으로 합계 출산율[1]이 1명 이하로 떨어진 현재에는 상상할 수 없을 정도로, 이들은 일손 또는 노동력의 개념으로 가정의 가치 창출에 필수적인 존재였다. 그러나 우리는 이제 농사를 짓기 위해 사람의 손을 필요로 하지 않는다. 몇 명의 인력이 드넓은 논과 밭을 일구고, 수만 명이 필요하던 공장에서 수십 명의 사람이 몇 배의 일거리를 해치워 버린다. 전통적인 산업 현장에서 그 쓸모를 다한 70억이 넘는 전 세계의 인구는 무엇을 하며 살아갈 것인가. 이에 대한 대답은 앞서 다루었듯, '즐거움'에 있을 것이다. 먹고사는 문제가 모두 해결된 미래, 삶의 의미를 다시 생각해 볼 시점이 온다면 우리 인간은 정신적 유희를 즐기는 생물로써 살아가지 않을까.

결국 사이버 물리 공간 생태계의 핵심은 사람들에게 삶의 즐거움을 제공하는 것이다. 사람들에게 인공 지능 알고리듬과 플랫폼을 비롯한 새로운 문명의 도구가 주어진다면 창작자들이 얼마나 재미있는 상상의 나래를 펼쳐낼 것인지는 아직 아무도 모른다. 확실한 것은 사회적 규범이나 법에 저촉되지 않는 범위에서 사람들의 관심이나 흥미를 유발하는 것은 어떠한 일이든 비즈니스가 될 수 있다는 점이다. 음악, 예술, 문학 활동과 같은 창의적인 일과 스포츠나 게임 같은 산업이 활성화되는 것은 물론이고, 구태의연한 전통 산업도 재해석될 수 있다. 자료 수집의 어려움이나 비용의 한계로 가로막혔던 상상 속 공간을 이제는 쉽게 구축할 수 있고, 축적된 노하우를 가진 인공 지능과 함께라면 몇 단계의 복잡한 절차를 건너뛰는 것도 가능하다. 현재의 우리는 사이버 물리 공간이라는 새로운 환경 속에서 새로운 장난감들과 함께하고 있다. 이를 어떻게 가지고 놀아야 가장 재미있을지는 고민해 봐야 할 문제이지만, 많은 사람의 공감을 끌어내는 놀이를 만들어 낸다면 이는 성공한 비즈니스가 될 것임이 틀림없다.

이제 지금까지의 세상을 살아오던 많은 기업 CEO와 기관장들도 회사 업무에 완전히 새로운 시도를 해 보자는 신입 사원의 건의를 무시할 수 없는 상황이 왔다. 치밀한 사전 준비나 충분한 기획 없이 즉흥적으로 생각한 아이디어라도 결정적인 역할을 할 수 있기 때문이다. 루이 파스퇴르(Louis Pasteur)의 항생제 발견이나 마리 퀴리(Marie Curie)가 방사능을 찾아낸 것이 우연의 산물이듯, 미래 지식 사회에서는 엉뚱한 시도가 더 많은 가치를 지니게 되었다. 현재 자동차 내비게이션에 사용하는 위치 인식 기술은 원래 군사 분야였던 기술을 도입한 것이며, 거꾸로 탄도 미사일 궤적을 추적하던 군사 기술은 현재 스크린 골프에 적용되어 있다. IoT와 클라우드 기술이 널리 보급되며 이제는 더 많은 생태계가 서로 비슷한 플랫폼으로 운영된다. 이는 서로 다른 산업 분야에서 적용되던 수많은 기술을 더욱 빠르게 융합할 수 있음을 의미한다. 클라우드 시스템에 들어 있는 수천 개 소프트웨어 간에 적용되던 소프트웨어 흐름 자동화 방식이 자동차 생산 공장에서 수많은 로봇과 제어 장치로 구성된 전체 생산 설비를 운영하는 데 적용되는 식이다. 이렇듯 해결이 어려운 문제에 대한 분석적 사고는 컴퓨터에 그 역할을 넘기고, 인간은 일단 부딪히거나 다른 분야에서 시도되는 방식을 적용하는 등 더 유연한 사고를 할 필요가 있다.

과거의 전쟁은 머릿수의 싸움이었으나, 말을 타기 시작하면서는 기수가 말을 얼마나 잘 타는지가 중요해졌고, 이후 탱크나 전투기와 같은 무기를 잘 다루는 것이 전투의 승패를 가르게 되었다. 앞으로 전개될 지식 문명 사회에서는 지식과 데이터를 무기로 어떻게 활용하는가가 기업과 산업의 성패를 결정한다. 이미 세상에는 너무나 많은 제품과 서비스가 존재한다. 좋은 위치, 좋은 건물의 쇼핑 환경에 저렴한 가격으로 물건이 진열되어 있어도 사람들의 관심에서 벗어난다면 사업의 지속은 불가능하다. 마찬가지로 아무리 좋은 기술과 솔루션을 제공하더라도 사람들이 찾지 않으면 그만이다. 이제는 새로운 지식, 창조적인 활동도 중요하지만, 정보를 저장하고 처리하는 플랫폼을 구축하고, 데이터로부터 유용한 지식을 찾아내고, 인공 지능 알고리듬을 잘 활용하는 분야에 인력이 요구될 것이다. 인간은 신기술을 산업 생태계에 적용할 때 어떠한 데이터로 어떠한 알고리듬을 돌려 어떠한 상황에 어떠한 문제를 해결할지를 고민해 주어야 한다. 성능이나 운영 관리와 같은 기술적 이슈뿐만 아니라 비즈니스에의 적용과 데이터 관련 규제 등의 이슈에도 인간의 고민이 필요하다.

경험 생태계의 인간상

인간은 태어나 엄마의 표정과 말에서부터 세상을 배우기 시작한다. 형제 자매와 친구를 통해 세상을 살아가는 방법을 터득하고, 학교를 거치며 세상의 지식을 배우고 바쁘게 기억한다. 나아가 전문 분야에 대한 지식을 학습하며 새로운 통찰력을 가질 수 있도록 많은 시간을 투자한다. 인간이 사회를 형성하고 살면서 지식과 경험을 나누어 온 역사를 5,000년이라 한다면, 최소 수십억 명의 사람이 살아가면서 경험이 축적되었고, 그들 중 일부는 이를 기록으로 남긴 바 있다. 문제는 이러한 지식의 양이 너무나 방대해서 통찰력을 가지기는커녕 단순히 습득하기에도 버겁다는 점에 있다. 그나마 다행스러운 것은 각 분야가 매우 전문화되어 한 가지 분야의 전문적인 지식으로 살아갈 수 있다는 사실이다. 그럼에도 단일 지식 덩어리 하나만으로는 이를 활용하기에 한계가 있다. 한 권의 책을 이해하기 위해 관련된 수십 권의 다른 책을 읽어야 하는 상황도 종종 발생한다. 관점이나 응용 분야에 따라 지식은 상호 작용하기에, 인간은 지식의 연결성을 이해하고 지식에 접근해야 한다.

이제 인간은 미래 경험 사회에서 살아가기 위해 각자 가지는 지식의 속성을 알고, 자신의 관심 분야에서 지식을 습득할 때 어떠한 자세로 임해야 하는지 방향을 정해야 한다. 물리적으로 짧은 인간의 시간에서 모든 것을 알 수 없음을 인정하고, 제한적인 경험 속에서 깊게 파고들 분야를 선택해야 한다. 수학을 기본적으로 알고 있더라도 응용 분야별 전문 영역으로 들어가면 또다시 새로이 알아야 하는 것들이 산더미처럼 쌓여 있다. 어려운 점은 전문가가 되어 감에 따라 점차 문제를 홀로 인내심 있게 헤쳐 가야 하는 부분이다. 이에 동일한 지식의 뿌리를 가지더라도 관련 지식이 어떤 것인지에 따라 개인의 전문성이 형성된다. 특히 통상적인 방법으로 해결이 어려운 문제에 부딪혔을 때, 대응하는 방법에서 전문성은 드러난다. 다양한 경우의 수를 고려해 문제에 접근하는 과정에서 개인의 경험은 어두운 길을 비추는 등불의 역할을 할 수 있다.

전문성은 지식 생태계의 개체들과 소통의 기반이 된다. 사이버 물리 공간에서 산업 생태계가 긴밀하게 연결되면 인간과 인공 지능을 비롯한 수많은 분야별 전문가가 모여 치열한 토론이 반복될 것임을 쉽게 예측할 수 있다. 전문 지식을 보유한 사람들도 다른 전문가와의 협력을 통해 어떠한 지식의 연결 고리를 가져가야 하는지를 생각하며 움직인다면 한 단계 더 발전할 수 있을 것이다. 자신의 분야뿐만 아니라 다른 분야의 전문가와 어떻게 시너지 효과를 낼 것인가를 고민하는 유연한 사고가 필요하다. 종합하자면, 지금껏 발견하지 못한 지식 간의 궁합 관계를 찾아내 새로운 지식의 산물을 창출하는, 미래 지식 생태계의 우리 사회가 요구하는 인간상은 '지식의 연금술사'일 것이다.

비즈니스 이슈: 지식 융합 산업

농업 사회와 산업 사회, 정보화 사회를 거쳐 지식 문명 사회에 이르기까지 산업 구조가 근본적으로 바뀌는 상황에서 건설, 교통, 에너지, 교육, 의료, 통신, 유통, 및 국방 등과 같이 전통적인 방법으로 산업 형태를 구분하는 것은 너무 평이하게 느껴지는 일이다. 물론 도로나 교량을 건설하고, 자동차와 비행기를 만들고, 컴퓨터를 만드는 것과 같은 전문 분야는 더욱 빠르게 발전할 것이다. 그럼에도 산업계의 기대가 모이는 부분은 전통적인 산업 기술 자체보다는 여러 산업 간의 융합 분야에 있다. 예를 들어 의료 산업은 더 나은 의료 기기와 데이터, 영상 이미지와 함께 발전하고 있기에 전자 및 소프트웨어 산업의 도움이 매우 중요하다. 전기 자동차의 발전을 위해서는 물리학 및 재료 공학 기술을 비롯해 전자, 소프트웨어 산업 등과의 결합이 필수적이다.

산업 간의 융합은 그 기반이 되는 다양한 과학 기술의 결합을 의미한다. 현대의 과학 기술은 기초에서 응용 과학까지 그 범위가 너무 넓고 깊어지고 있다. 한 가지 분야라고 하더라도 과학 이론을 알면서 동시에 시스템을 개발하고, 시장에서 해당 시스템을 판매하는 마케팅에 이르기까지 전문적인 지식을 갖기는 불가능하다. 또한 복합적인 제품들의 등장으로 인해 제품을 개발할 때 필요한 지식이 기초 이론에서부터 재료, 화학, 전기/전자, 소프트웨어, 산업 공학과 같은 기술뿐만 아니라 경영 공학까지 필요해서 때로는 한 가지 제품의 출시를 위해 전문가 수백 명 이상의 협력이 필요하다. 즉 이종 기술들을 결합하고, 이를 바탕으로 시너지 효과를 끌어내고, 시스템과 생태계를 보는 관점을 바꾸어 새로운 가치를 찾아내야 한다.

지식 융합 산업으로 전환하는 또 다른 축은 네트워크이다. 네트워크 기술의 발전은 생산자뿐만 아니라 중개자와 소비자를 모두 이어 준다. 연산 기술이 더해지면 언제 어떠한 물건을 생산해서 어디로 보내고, 누가 소비를 하는지, 가격은 어떻게 지불하고, 문제가 생기면 어떠한 대응 조치가 필요한지와 같은 산업 생태계 내의 모든 상황을 데이터로 접할 수 있다. 산업 간 정보 흐름이 파악되면, 직·간접적인 영향을 미치는 산업들이 연결된 새로운 비즈니스 모형이 등장하는 것은 시간 문제이다. 사람들은 다른 산업에서 쌓아 온 전문 지식을 실험적으로 탑재해 보려 시도할 것이기 때문이다. 의료 분야에 음악과 운동이 새로운 치료 수단으로 사용되고, 게임을 하면서 수학 이론을 습득하고, 새로운 상거래 방식을 배우는 것과 같은 일들이 이미 일어나고 있다. 자동차와 휴대 전화가 있는 사회로의 변화가 비즈니스를 얼마나 바꾸었는지를 돌아본다면, 네트워크와 연산 기술이 있는 사회로의 변화는 산업 구조를 근본적으로 재편할 것으로 기대된다.

규제 이슈: 디지털 격차

산업화 이후, 20세기 초 미국에서는 석유에서 부를 축적한 록펠러 재단이나 자동차로 큰 성공을 거둔 포드 재단과 같은 거대 기업이 산업 생태계를 주도했다. 알렉산더 벨(Alexander Bell)이 설립한 미국 전화 전신 회사(American Telephone and TelegraphCompany, AT&T)는 정부의 독점 금지법에 따라 8개로 쪼개지기 이전에는 세계 최대의 전화 회사였다. 과학 기술 진보가 만들어낸 산업 사회에서는 기술이 자본을 돕고 자본은 다시 기술의 발전을 이끈다. 잘못된 투자로 인해 망하지만 않는다면 기술과 자본의 되먹임 구조에서 대기업은 점점 더 거대해질 수 있다. 다가오는 지식 사회에서 정보가 클라우드 플랫폼으로 모이는 상황이 되면 이러한 지식과 자본, 정보의 쏠림 현상은 더욱 심해질 수밖에 없다. 부를 가진 기업은 더 많은 데이터를 가지고, 더 많은 데이터를 가진 기업은 더 좋은 인공 지능 알고리듬으로 생태계 흐름을 주도하게 된다.

현재 전 세계의 산업과 비즈니스 패턴은 거대 자본과 데이터의 흐름에 따라 휩쓸리는 중이다. 국가 또는 세계 기구의 통제가 없다면 소수의 거대 기업은 중세 시대의 왕 이상으로 큰 권력을 휘두를 수 있다. 향후 데이터와 인공 지능 알고리듬을 보유하는 기업은 토지 개혁이나 화폐 개혁에 버금갈 만큼 사회에 충격을 주거나 생태계의 근본 질서를 바꾸는 것이 어렵지 않다. 구글 스토어나 애플 앱스토어가 제시한 온라인 상거래 기준을 모두가 따르고 있듯, 사이버 생태계 내 특정 분야에서 독점적인 위치를 점한 기업은 해당 분야의 비즈니스 원칙이나 운영 방식을 입맛에 맞게 정할 수 있다. 각국의 공정 거래 위원회에서도 소비자의 직접적 피해가 없으면 제재가 어려운 부분이다. 분야별 독점 기업은 소비자가 비즈니스 생태계에서 빠져나가지 못하도록 다양한 수단을 강구하며, 이러한 독점 과정에 정부의 규제가 미치지 못하는 상황을 이미 잘 알고 있다.

과거에는 미국 정부가 독점의 위험을 알고 규제의 칼날을 사용한 바 있으나, 현재 국제 시장 경쟁에서의 대기업은 미국의 자산이자 국가 경쟁력의 원천이기에 옛날과 같이 독점 규제를 할 수도 없는 상황이 전개되고 있다. 마찬가지로 전 세계의 비즈니스 생태계가 서로 연결된 상황에서는 특정 국가가 자국 기업이나 생태계를 규제한다고 해도 그 효과에 대해서 의문이 남는다. 오히려 자국 경제에만 더 큰 부작용을 일으킬 가능성 또한 무시할 수 없다. 이러한 측면에서, 근래 몇몇 국가가 부의 불균형을 해소하고 정보 격차(digital divide) 문제에 대처하기 위해 개인의 삶과 비즈니스 행위의 세부 사항까지도 법적 규제를 하려 하는 것은 자칫 국가 권력을 이용한 집단 이기주의의 한 모습이 될 수 있다.

전 세계적으로 공감을 얻는 기후 변화 문제조차도 규제보다는 기술적 솔루션과 전 세계적 인식 변화가 문제 해결에 더욱 효과적인 것이 현실이다. 마찬가지로, 지식 사회의 도래와 함께 찾아올 정보 격차 문제에 대해서도 변화를 이끌기 위해서는 생태계 조성의 씨앗을 심고 기다릴 필요가 있다. 미래의 산업은 과거의 법이 규제하는 것만큼 단순하지 않다.

개인 정보의 보호를 원하는 사람들도 때에 따라 긴급한 도움이 필요한 경우에는 의료 기록을 비롯한 자신의 신상 정보에 접근할 수 있기를 바라듯, 모든 사람이 지식 정보 생태계에서 살아갈 수 있도록 사회적 합의가 선행되어야 한다. 종합하면, 너무나도 복잡한 미래의 환경에서는 법에 따른 규제가 아니라 모든 생태계 이해 관계자 간의 신뢰에 따른 자율적인 규제가 필수적이다. 사이버 괴롭힘(cyber bullying) 등에 대한 최소한의 규제를 제외하고는 모든 삶과 비즈니스 행위에 있어 신뢰 기반의 선순환 사이클이 유지되도록 노력해야 할 것이다.

후주

머리말: 미래 지식 문명의 시대를 맞이하며

1. www.statista.com,hours-of-video-uploaded-to-youtube-every-minute/

1장. 사이버 물리 공간의 등장

1. James Fallows, "He's Got Mail", *New York Review*, March 14, 2002.
2. Cyber Physical Space, 또는 Cyber Physical System.
3. Carliss Baldwin, C. Jason Woodard, "The Architecture of Platforms: A Unified View", *Harvard Business School white paper*. 2008.
4. 손상영, 안일태, 이철남, 『방송·통신 융합 환경에서의 플랫폼 경쟁 정책』, 정보통신정책연구원 (2009년).
5. 산업통상자원부 지식 경제 용어 사전.

2장 사이버 물리 공간과 산업

1. 문희철, "미래는 기정학(技政學) 시대⋯정부와 기업이 머리 맞대야", 중앙일보, 2021년 10월 12 일자 기사. (https://www.joongang.co.kr/article/25014611)
2. 2015년 이미지 인식(image recognition) 경진대회 "ILSVRC(ImageNet Large Scale Visual Recognition Challenge)"의 우승 알고리듬 "ResNet"이 5퍼센트의 오류율을 추월했다.
3. 2019년 30퍼센트에서 2030년에는 45퍼센트로, 2053년에는 100퍼센트까지 상승할 전망이 다.
4. 김남근, "AI와 함께 'FUN'하게 학습하는 한국어", 이슈메이커, 2020년 10월 20일자 기사 (http://www.issuemaker.kr/news/articleView.html?idxno=32680)
5. 오시영, "[2019 AI대상] AI기반 실시간 교통신호 제어시스템 추진", it조선, 2019년 11월 5일자 기사 (http://it.chosun.com/site/data/html_dir/2019/11/05/2019110503381.html) /
6. 이금숙, "'3분 진료' 알차게 쓰려면⋯ 질문은 적어가고, 숫자 넣어 말하세요.", 헬스조선, 2018 년 1월 18일자 기사 (https://health.chosun.com/site/data/html_dir/2018/01/17/2018011702994. html)
7. 박성은, "의료 AI 패러다임 전환기 시작됐다...'영상진단에서 병리·질병예측·자체플랫폼

까지', Ai타임즈, 2021년 5월 21일자 기사 (http://www.aitimes.com/news/articleView. html?idxno=138635)

8. 장길수, "의료 분야 AI 기업, 의료산업 첨단화 이끈다", 로봇신문, 2021년 4월 21일자 기사 (https://www.irobotnews.com/news/articleView.html?idxno=24637)

9. 장길수, "의료 분야 AI 기업, 의료산업 첨단화 이끈다", 로봇신문, 2021년 4월 21일자 기사 (https://www.irobotnews.com/news/articleView.html?idxno=24637)

10. 송주상, "[2020 AI대상]인공지능이 조기 치매 예방…임상서 효과 입증", it조선, 2020년 11월 24일자 기사 (http://it.chosun.com/site/data/html_dir/2020/11/24/2020112402348.html)

11. 민경진, "브레싱스 폐 건강 측정기, 날숨 한번에 폐 나이 간편 측정 '불로'", 한국경제신문, 2021 년 9월 12일자 기사 (https://www.hankyung.com/economy/article/2021091295791)

12. 동은영, "사람의 시각 vs 동물의 시각", 경향신문, 2015년 7월 14일자 기사 (https://www.khan. co.kr/life/health/article/201507141818262)

4장. 사이버 물리 공간과 기술

1. E. A. Lee and S. A. Seshia, *Introduction to Embedded Systems - A Cyber-Physical Systems Approach*(Second Edition), MIT Press, 2017.

2. IEEE(2015), Towards a definition of the Internet of Things, 2015.05.

3. NIST Special Publication 1500-201, Framework for Cyber-Physical Systems: Volume 1, Overview https://doi.org/10.6028/NIST.SP.1500-201

4. 조시 로젠버그 , 아서 마테오스 지음, 장정식 옮김, 『클라우드 세상 속으로』, 에이콘출판(2016 년).

5. Solving The Mystery Of Edge Computing (https://blogs.gartner.com/jeffrey-hewitt/ solving-the-mystery-of-edge-computing/)

6. The Vision of 6G, 삼성전자, 2020.7.

7. 고남석, 박노익, 김선미, "6G 모바일 코어 네트워크 기술 동향 및 연구 방향", ETRI, 《전자통신 동향분석》 제36권 4호(2021년 8월), pp.1~12.

8. E. Khorov, I. Levitsky and I. F. Akyildiz, "Current Status and Directions of IEEE 802.11be, the Future Wi-Fi 7," *IEEE Access*, vol. 8(2020), pp. 88664~88688, doi: 10.1109/ACCESS.2020.2993448.

9. 김판수, 유준규, 변우진, "저궤도 위성 통신망 기반 글로벌 무선통신 기술 동향", ETRI, 《전자통 신동향분석》 제35권 5호(2020년 10월), pp.83~91.

10. 최아름, "어디서든 터지는 저궤도 위성 통신 지상망 대안'부상', 정보통신신문, 2020년 3월 13

일자 기사. (https://www.koit.co.kr/news/articleView.html?idxno=77825)

11. 한상열, 방문영, "글로벌 XR 정책 동향 및 시사점", 소프트웨어정책연구소, 2020.12.28.

맺음말: 사이버 물리 공간에서 살아남기

1. 한 여자가 가임 기간(15~49세)에 낳을 것으로 기대되는 평균 출생아 수, 대한민국 통계청 2020
년 입구동향조사 결과 기준 0.837명.

도판 저작권

15쪽 그림 1 wikipedia ◎ | 21쪽 그림 2 unsplash | 23쪽 그림 3 unsplash | 39쪽 그림 5 현대자동차 홈페이지 | 47쪽 그림 5,6 과학기술정보통신부 자료를 기반으로 재구성 | 58쪽 그림 9 딥마인드 사 유튜브 채널 영상 | 65쪽 그림 10 네이버 쇼핑LIVE 페이지 화면 | 68쪽 그림 11 웅진스마트올 홈페이지 화면 | 69쪽 그림 12 넷플릭스 홈페이지 화면 | 77쪽 그림 13 부산광역시 홈페이지 | 81쪽 그림 14 뷰노 메드 체스트 엑스레이 연구 결과를 기반으로 재구성 | 85쪽 그림 15 오드컨셉 페이지 화면 | 154쪽 그림 25 과학기술정보통신부 페이지 자료를 기반으로 재구성 | 159쪽 그림 26 한국토지주택공사 페이지 자료를 기반으로 재구성 | 163쪽 그림 27 한국투자증권 2019.9.19. / IDC 2019.12 자료를 기반으로 재구성 | 170쪽 그림 28 pixabay.com(free for commercial use)

찾아보기

카이스트 명강 **PLUS** ✚ 02

사이버 물리 공간의
시대

1판 1쇄 찍음 2023년 5월 15일
1판 1쇄 펴냄 2023년 5월 31일

지은이 최준균, 박효주, 고혜수, 최형우
펴낸이 박상준
펴낸곳 (주)사이언스북스

출판등록 1997. 3. 24. (제16-1444호)
(06027) 서울특별시 강남구 도산대로1길 62
대표전화 515-2000, 팩시밀리 515-2007
편집부 517-4263, 팩시밀리 514-2329
www.sciencebooks.co.kr

ISBN 979-11-92908-17-5 94400
ISBN 978-89-8371-886-0 (세트)